米饭的创意料理 126种

吴爽◎主编

民主与建设出版社
·北京·

图书在版编目（CIP）数据

米饭的 126 种创意料理 / 吴爽主编 .-- 北京：民主与建设出版社，2023.10

ISBN 978-7-5139-4352-9

Ⅰ . ①米… Ⅱ . ①吴… Ⅲ . ①大米 – 食谱 Ⅳ . ① TS972.131

中国国家版本馆 CIP 数据核字（2023）第 168087 号

米饭的 126 种创意料理

MIFAN DE 126 ZHONG CHUANGYI LIAOLI

主　　编 吴 爽
责任编辑 廖晓莹
封面设计 天之赋设计工作室
出版发行 民主与建设出版社有限责任公司
电　　话 （010）59417747　59419778
社　　址 北京市海淀区西三环中路 10 号望海楼 E 座 7 层
邮　　编 100142
印　　刷 三河市天润建兴印务有限公司
版　　次 2023 年 10 月第 1 版
印　　次 2023 年 10 月第 1 次印刷
开　　本 710 毫米 ×1000 毫米　1/16
印　　张 11
字　　数 132 千字
书　　号 ISBN 978-7-5139-4352-9
定　　价 56.00 元

注：如有印、装质量问题，请与出版社联系。

目　录

CONTENTS

PART 1 选好米，饭更香

PART 2 料足味美的盖饭与煲仔饭

PART 3 香味四溢的焖饭

PART 4 清新不腻的蒸饭与拌饭

PART 5 焦香可口的炒饭与烤饭

PART 6 浓郁鲜香的烩饭与泡饭

PART 7 滋味诱人的米饭小吃

PART 1

选好米，饭更香

米饭是人们的重要主食，大家几乎每一天都离不开米饭。本章教大家认识不同种类的米，介绍常见米的选购技巧、洗米的正确方法，以及如何吃米饭更健康等实用常识，让你轻松成为做饭能手。

“色”米饭有利于眼部健康

白米饭维生素含量低，如果选择与其他食材配合烹煮，让米饭变得五颜六色的同时，也能增加一定的营养。比如，煮饭时加入绿色的豌豆、橙红色的胡萝卜、黄色的玉米粒，既美观又可提供维生素和类胡萝卜素等抗氧化成分，有利于预防眼睛的衰老。

“杂”米饭有利于预防慢性病

在烹调米饭时，最好不要用单一的米，而应与粗粮、豆子、坚果等一同烹煮，比如红豆大米饭、花生燕麦大米饭等。这样做出来的米饭，一方面增加了B族维生素和矿物质摄入，另一方面起到补充蛋白质的作用，可以替代部分动物性食品的摄入，从而有效地降低血糖，控制血脂。其中，豆类与米的配合最为理想。

“糙”米饭有利于控制血糖和血脂

所谓“糙”，就是尽量减少白米饭，多食糙米和杂粮。白米饭经过多次加工，更易被人体消化，让人体血糖过高，每天每餐都食用白米饭对控制血糖和血脂十分不利。

糙米指的是在大米加工过程中减少一道程序，有意多保留一些粗纤维素。这种米与常食的白米的主要区别是膳食纤维含量高。平时，人们在摄入大量的蛋白质、脂肪等含有丰富营养食物的同时，应注意补充膳食纤维。若偶尔用糙米饭代替白米饭，不但能增加膳食纤维的摄入，又能减缓血糖升高的速度，还可以促进肠胃蠕动，有利于代谢产物排出体外。

此外，一些没有经过精细加工的杂粮（如黑米等）营养价值也高，同样具有控制血糖和血脂的作用。虽说糙米、杂粮有益健康，但每天都吃导致口感不佳，难以长期坚持。因此，在煮米饭时不妨用部分粗粮和大米搭配，在口感上就会比较容易接受，营养也更全面。

“淡”米饭有利于控制血压和体重

米饭中不宜加入过量油脂类食材，以免增加额外的能量消耗，也能避免餐后血压升高。因此，想要控制血压和体重的人最好少吃炒饭，也应尽量避免加香肠煮饭或者用含有油脂的菜来拌饭。

另外，尽量不要在米饭中加入盐和酱油，以免增加额外的盐分。做米饭时加醋、用紫菜包饭，或在米饭中加入蔬菜和鱼类的做法是符合清淡原则的。醋可助消化，并能帮助人体降低血压；蔬菜可补充膳食纤维，有效地减缓米饭的消化速度，并在肠道中吸附胆固醇和脂肪；紫菜和鱼类也是对心血管有益的食材。只要不同时吃过咸的菜肴，紫菜饭卷是适合大部分人食用的主食。

常吃9种米的营养

大米是一种常见的主食，含有大量的糖类，是热量的主要来源。大米含有蛋白质、维生素B1、维生素B2、钙、磷、铁、葡萄糖、果糖、麦芽糖等，其中的谷维素、花青素等营养成分可补充肌肤缺失的水分。

大米

小米

小米又名粟米、稞子，是中国古代的五谷之一，也是中国北方人最喜爱的粮食之一。小米含淀粉、钙、磷、铁、维生素B1、维生素B2、维生素E、胡萝卜素等。小米具有滋阴养血的作用，可以使产妇虚寒的体质得到改善。

紫米

紫米是水稻的一个品种，属于糯米类，米粒细长，表皮呈紫色。紫米煮饭，味极香而且又糯，民间将其作为补品，有“药谷”之称。紫米的主要成分是糖类、赖氨酸、色氨酸、维生素B1、维生素B2、叶酸、脂肪等，以及铁、锌、钙、磷等人体所需的矿物质。紫米具有补血益气、暖脾胃的功效。

红米又名红曲霉、红大米、高山红，其营养价值比白米、糙米都高，含有蛋白质、糖类、膳食纤维、磷、铁、铜和多种维生素，具有补血及预防贫血的功效。

红米

黑米

黑米是稻米中的珍贵品种，外表墨黑，营养丰富，有“黑珍珠”的美誉。黑米含蛋白质、糖类、维生素B1和维生素C、钙、铁、磷等。黑米中的膳食纤维十分丰富，能降低血液中胆固醇的含量和改善缺铁性贫血。

糙米是相对于白米而言的，稻谷脱壳后仍保留着一些外层组织的米。糙米含蛋白质、糖类、膳食纤维、维生素B1、维生素B2、维生素E、维生素K、钙、铁、磷等。糙米中的维生素能降低胆固醇，对调节体内新陈代谢、内分泌异常等有一定作用。

糙米

糯米又名江米、元米，米质呈蜡白色不透明或透明状，是米中黏性最强的。糯米含蛋白质、糖类、维生素B1、维生素B2、钙、铁、磷等。糯米味甘，性平，能温暖脾胃、补益中气。

糯米

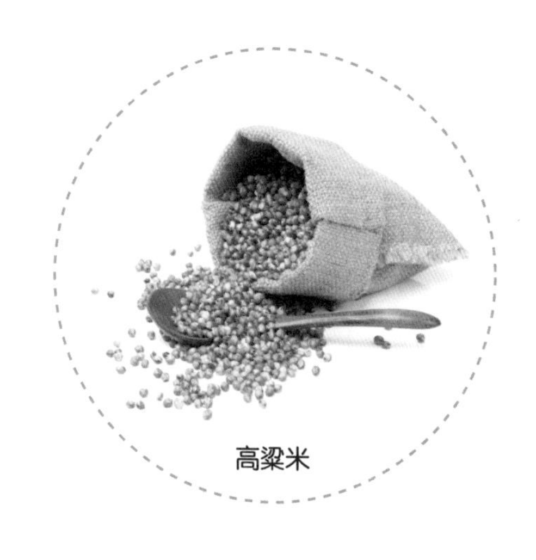
高粱米

高粱米，高粱籽粒脱壳后即为高粱米，米粒呈椭圆形、倒卵形或圆形，可以做米饭，也可磨粉和制作各种面食。高粱米含淀粉、蛋白质、脂肪、维生素B1、维生素B2和钙、磷、铁等矿物质。中医认为，高粱米性平，味甘、涩，无毒，有和胃、健脾的功效。

薏米又名六谷米、薏苡仁、菩提珠，营养价值很高。薏米是盛夏消暑佳品，既可做食用，又可做药用。薏米含蛋白质、维生素B1、糖类、钙、钾、铁、薏苡仁脂等。薏米因含有多种维生素和矿物质，有促进新陈代谢和减少胃肠负担的作用。

薏米

教你选购好米

大米

1. 看颜色：一是看色泽是否呈透明玉色状，未熟米粒可见青色（俗称青腰）；二是看胚芽部的颜色是否呈乳白色或淡黄色，陈米颜色较深或呈咖啡色。
2. 闻气味：新米有一股浓浓的清香味；陈米少清香味（存放1年以上的陈米只有米糠味，完全没有清香味）。
3. 尝味道：新米含水量较高，吃上一口感觉很松软，齿间留香；陈米则含水量较低，吃上一口感觉较硬。

糙米

1. 观外形：好糙米表面的膜光滑，无斑点，胚颜色呈黄色，如胚颜色发暗发黑则是糙米存放时间过长；好糙米粒形饱满，无稻壳、水稻草籽等杂质，青粒、病斑粒少。
2. 闻气味：品质优良的糙米有一股米的清香味，无霉烂味。
3. 用手摸：用手插入米袋摸一下，手上无油腻、米粉的为佳。用手碾一下，米粒不碎说明米干燥。

黑米

1. 观外形：一般黑米有光泽，米粒大小均匀，很少有碎米、“爆腰”（米粒上有裂纹），无虫，不含杂质。次质、劣质的黑米色泽暗淡，米粒大小不均匀，饱满度差，碎米多，有虫、结块等。
2. 看颜色：对于染色黑米，由于黑米的黑色集中在皮层，胚乳仍为白色，因此，消费者可以将米粒外面皮层全部刮掉，观察米粒是否呈白色。若不是呈白色，则极有可能是人为染色黑米。
3. 用手摸：正宗黑米是糙米，米上有米沟。正宗黑米不掉色，水洗时才掉色，而染色黑米一般手搓会掉色。

1. 观外形：糯米有两个品种，一种是椭圆的，挑的时候看它是否粒大饱满。还有一种是细长尖尖的，挑的时候看发黑或坏掉则不宜购买。
2. 看颜色：糯米的颜色雪白，如果发黄且有黑点就是发霉了，不宜购买。糯米是白色不透明状颗粒，如果糯米中有半透明的米粒，则是掺了大米。

1. 观外形：纯正的紫米米粒细长，颗粒饱满均匀。
2. 看颜色：外观色泽呈紫白色或紫白色夹小紫色块。
3. 用手摸：用水洗涤后水色呈紫黑色，用手抓取易在手上留有紫黑色。用指甲刮除米粒上的色块后，米粒仍然呈紫白色。

1. 观外形：挑选红米时，以外观饱满、完整、无虫蛀、无破碎现象为佳。一般红米有光泽，米粒大小均匀，很少有碎米、“爆腰”，无虫，不含杂质。
2. 闻气味：手中取少量红米，向红米哈一口热气。优质红米具有正常的清香味，无其他异味。微有异味或有霉变气味、酸臭味、腐败味的为次质、劣质红米。

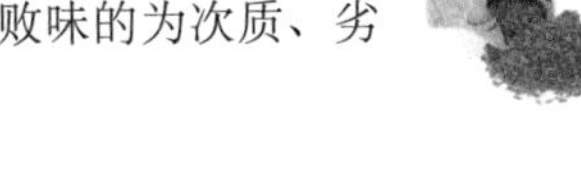

高粱米

1. 观外形：优质高粱米呈乳白色，颗粒饱满、完整、均匀一致；掰断籽粒，断面质地紧密，无杂质、虫害和霉变。
2. 看颜色：品质好的高粱米色亮而有光泽，质量不佳的高粱米颜色发暗。
3. 尝味道：具有高粱米固有的清香气味，口感微甜的为佳。

1. 观外形：优质小米的米粒大小、颜色均匀，呈乳白色、黄色或金黄色，有光泽，很少有碎米，无虫，无杂质。
2. 闻气味：优质小米闻起来具有清香味，无其他异味。严重变质的小米，手捻易成粉状，碎米多，闻起来微有霉变味、酸臭味、腐败味。
3. 尝味道：优质小米尝起来味佳，微甜，无任何异味。劣质小米尝起来有苦涩味。

薏米

1. 观外形：挑选薏米时，要选择粒大完整、结实，杂质及粉屑少的。有光泽的薏米颗粒饱满，这样的薏米成熟得比较好，营养也高。
2. 看颜色：好的薏米颜色一般呈白色或黄白色，色泽均匀，带点儿粉色，非常好看。
3. 尝味道：上品薏米味道甘甜或微甜，吃起来口感清淡。

米的储存方法

Point 1 冰箱冷藏法

可用小袋子分装，放入冰箱的冷藏室内冷藏保存。

Point 2 花椒防虫法

用锅煮花椒水，凉后将布袋浸泡于其中，捞出晾干后，把米倒入处理过的布袋中，再用纱布包些花椒分放在布袋中，扎袋后置于阴凉通风处。

Point 3 海带防霉防虫法

将海带和米按重量1：100的比例混装，1周后取出海带晒干，然后再放回米袋中，这样可使米干燥且具有防霉、防虫的效果。

Point 4 无氧保存法

先将要存放的米放在通风处摊开晾吹干透，注意不宜在阳光下暴晒；然后将米装入透气性较差的无毒塑料口袋内，扎紧袋口，放在阴凉干燥处。这样米可以保存较长时间。

Point 5 蒜瓣防虫法

将米放在阴凉通风处，米堆里放些蒜瓣即可防虫。食用时，如果米中有蒜味，只要淘米时多淘洗几遍即可。

Point 6 白酒灭虫杀菌法

将米放进铁桶或水缸内，把装有50毫升的白酒瓶子埋在米中，瓶口高出米面，酒瓶要打开盖子，然后将容器密封。由于酒中挥发的乙醇有灭虫、杀菌的作用，米就能长期保鲜。

Point 7 塑料袋贮藏法

选用无毒的塑料袋若干个，每2个套在一起备用。将晾干的米装入双层袋内，装好之后挤掉袋中的残余空气，用绳扎紧袋口，使袋内米和外界环境隔绝，可长期保鲜。

Point 8 草木灰吸湿法

在米缸底层撒上约1寸厚的草木灰，铺上白纸或纱布，再倒入米，密封后置于干燥、阴凉处。这样处理的米可长期储存。

Point 9 瓶装储存法

将米装进大的塑料瓶里，装满后将瓶盖拧好，放在阴凉处，这样可以保存较长时间。注意，瓶盖一定要拧紧。

正确的淘米法

用米做饭，先要淘米，把夹杂在米粒中间的泥沙杂屑淘洗干净。米中的维生素和矿物质大部分在米粒的外层，很容易被水溶解，如果淘米不得其法，那么就容易使米粒表层的营养素在淘洗时随水流失。研究证实，米淘洗2～3次，维生素损失40%，矿物质损失15%，蛋白质损失10%，假如用力搓洗，那损失就更大了。因此，淘米的次数越多，米粒中的维生素和矿物质损失也就越多。

正确的淘米方法：

1. 用冷水淘米，不要用热水和流水淘洗。
2. 适当控制淘洗的次数，以淘去泥沙杂屑为好；如果米有霉变，应将有霉变的米粒拣选出来丢掉。
3. 淘米不能用力搓。
4. 淘米前，米放入水中浸泡的时间不宜过长，以防止米粒表层的可溶性营养随水流失。

淘完米的水不要直接倒掉，它有许多意想不到的妙用。如用淘米水浇灌花木或蔬菜，可使其长得更茁壮；用淘米水洗猪肚，比用盐或明矾搓洗省劲、省时，而且干净。

让米饭变香有窍门

淘米正确方法

不要搓洗，而是把米放在水里搅动，这样会使米中的稻壳浮起来。倒出水，如此反复2次，就会洗得很干净。米的表面有一层粉状的物质，它溶于水，会把米表面的污垢带走。

米和水的比例适当

米和水的比例是1碗米加1碗半水。如果使用电饭锅内锅淘米，要把锅体外面的水擦干净再放入。

剩米饭加盐水蒸

吃不完的米饭再吃时需要重蒸一下，重新蒸的米饭总有一股味，不如新蒸的好吃。如果在蒸剩饭时放入少量盐水，就能去除米饭的异味。

加食醋蒸米饭

在蒸米饭时，按1500克米加2～3毫升醋的比例放些食醋，可使米饭易于存放和防馊，并且让饭香更浓。

加油蒸米饭

如果米存放的时间太久，怕蒸出来不好吃，可将米放入清水中浸泡2小时，捞出沥干后再放入锅中，加适量水，再加一汤匙猪油或植物油，用旺火煮开再用文火焖半小时即可。

让米饭不粘锅

当米饭蒸熟后，电源按钮自动跳起或切换到保温状态，这时不要切断电源，要等待15分钟再切断电源。这样是为了让锅底的米粒充分吸收饭里面的水分，就不会出现粘锅底的现象。

美味炒饭的做法

洗米

洗米的标准动作是以画圆的方式快速淘洗，再马上把水倒掉，如此反复动作，至水不再浑浊。淘洗的动作要轻柔，以免破坏米中的营养。

煮饭

用来做炒饭的米饭，水量应比一般的米饭减少10%～20%。想要煮出香甜软弹的米饭，可在锅内加水后滴入少许色拉油或白醋，再用筷子拌一下，或是盖上锅盖浸泡一段时间。

拌饭

饭煮好后，先用饭勺将饭拨松，再加盖焖20分钟，让米饭均匀地吸收水分。拨松的动作要趁热做，才能维持米饭颗粒的完整度。如果在米饭冷却后才拨松，炒出来的饭既不美观也不好吃。

摊凉米饭冷藏

将煮好拨松的米饭直接摊开放于器皿上放凉，可让米饭冷却的速度加快。将冷却的米饭密封包装，挤去多余的空气，整平后再直接放入冰箱冷藏。

软化米饭

从冰箱中取出冷藏的米饭，先洒上少许水，让米饭软化且容易抓松。如果米饭尚未软化就抓松，则容易破坏米饭的颗粒，从而影响炒饭的口感。

抓松米饭

冷藏后的米饭容易结块，因此一定要先抓松结块才可用来炒饭，这样才能炒出粒粒分明的爽口米饭。

热锅炝炒

如果要在炒饭中加入虾仁、胡萝卜等配菜，可以先焯水再入油锅，快炒熟后加入米饭，让米饭在锅中均匀受热，食用时的口感更富有弹性。

米饭、鸡蛋同炒

炒锅中先放入蔬菜丁、肉丁等配料，炒到半熟时，加入米饭同炒，再把鸡蛋打散倒入锅中，令其均匀地粘在米饭上，这样就可以炒出“金裹银”效果。

PART 2

料足味美的盖饭与煲仔饭

盖饭的主要特点是饭菜结合，既有主食又有美味菜肴，热菜刚出锅就直接浇在米饭上，食用方便。

煲仔饭将饭菜一锅煮就，煲出来的饭让人唇齿留香，回味无穷。

下面，大家一起来学做美味的盖饭和煲仔饭吧!

蔬菜盖饭

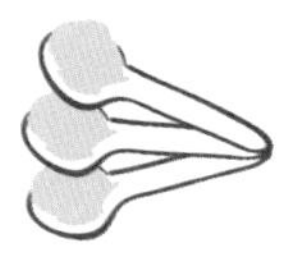

材料

米饭500克，豆芽30克，芹菜条15克，黄瓜条40克，胡萝卜丝20克，熟牛肉50克，海苔5克，蛋液适量，葱花少许

调料

盐、白糖各4克，白醋4毫升，芝麻油4毫升，食用油适量

做法

1. 热锅中放入海苔，小火烤脆后用手撕碎，待用。
2. 热油锅中倒入蛋液，煎约1分钟至成形，卷起煎熟的蛋皮，切丝，装盘。
3. 沸水锅中分别放入豆芽、胡萝卜丝、芹菜条，焯30秒至断生，捞出待用。
4. 将熟牛肉、豆芽置于碗中，加入1克盐、1克白糖、1毫升芝麻油拌匀，倒在备好的米饭上。
5. 碗中倒入焯熟的胡萝卜丝，加入1克盐、1克白糖、1毫升白醋、1毫升芝麻油拌匀后放在米饭上；依此法将黄瓜条、芹菜条用盐、白糖、白醋、芝麻油拌好后放在米饭上。
6. 继续放入切好的蛋皮丝，撒上撕碎的海苔及葱花即可。

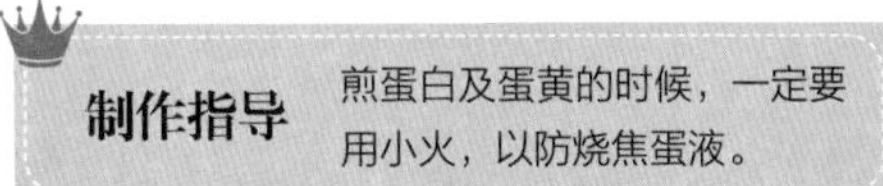

白切鸡饭

材料

大米150克，整鸡1只，青菜100克，黄姜粉、姜末、葱段各适量

调料

盐、味精各适量

做法

1. 大米淘净，放入锅中，加适量水煲30分钟至熟。
2. 另于锅中放500毫升水，加部分姜末、葱段、黄姜粉煲开。
3. 鸡去内脏洗净，氽水取出，放入汤锅，加盐、味精煲至熟后取出。
4. 鸡肉切块盛盘，青菜洗净焯水至熟，装盘；余下的姜末、葱段装碟配于旁做调味品，与米饭一起食用。

洋葱牛肉盖饭

烹饪时间
10分钟

材料

米饭1碗，牛肉丝300克，洋葱100克

调料

盐2克，酱油8毫升，淀粉8克，食用油适量

做法

1. 牛肉丝加盐、酱油、淀粉抓匀；洋葱洗净，切丝。
2. 油锅加热，将牛肉丝及洋葱炒熟，盛起淋在米饭上即成。

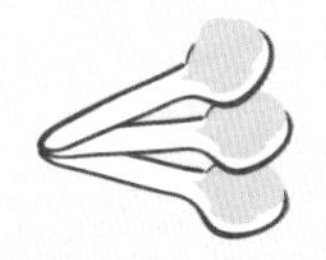

澳门叉烧饭

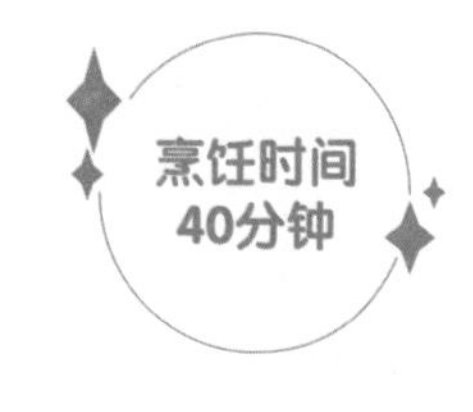

材料

大米、叉烧肉、青菜各100克，咸蛋半个，肉丝适量，水发黑木耳少许

调料

叉烧肉汁、食用油各适量，盐少许

做法

1. 大米洗净后煮熟，用碗盛出，倒扣在盘中。
2. 叉烧肉切成片，摆在圆盘边，淋上叉烧肉汁，摆上咸蛋。
3. 起油锅，下肉丝炒至断生，放入水发黑木耳同炒至熟，加盐调味，盛出，摆在米饭上。
4. 青菜入沸水中焯熟，沥干水摆在饭旁即可。

黄豆芽杂菜盖饭

材料

米饭1碗，黄豆芽100克，香菇片、韭菜、粉丝、洋葱丝、胡萝卜丝各15克，蒜蓉适量

调料

盐、酱油、胡椒粉、白糖、食用油各适量

做法

1. 黄豆芽、粉丝均洗净，焯水，沥干水后切成段；韭菜择洗后切段。
2. 油锅烧热，入蒜蓉炝香，放入韭菜、香菇片、洋葱丝、胡萝卜丝快速翻炒3分钟，倒入黄豆芽、粉丝，用中火炒熟，加盐、白糖、酱油、胡椒粉调味，盛出扣在米饭上即可。

里脊片盖饭

材料

里脊肉150克，米饭1碗，小白菜300克，

姜片、葱段、蒜末各少许，熟芝麻适量

调料

盐、酱油、白糖、食用油各适量

做法

1. 葱段、姜片、蒜末加酱油及白糖混合成腌料。
2. 里脊肉洗净切薄片，加入腌料中静置。大约15分钟后，将腌好的里脊肉取出。
3. 平底锅注油，放入里脊肉煎熟。
4. 小白菜洗净切段，锅中加水放入盐，将小白菜烫熟后捞起备用。
5. 将里脊肉及小白菜铺在米饭上，撒上熟芝麻即可。

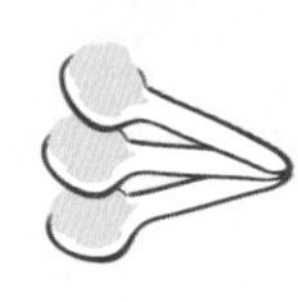

咸菜猪肚饭

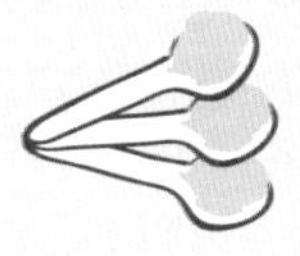

材料

大米150克，咸菜、猪肚各100克，八角、香叶、姜、葱、红椒圈、豆豉各适量

调料

盐、水淀粉、食用油各适量

做法

1. 咸菜洗净切成片后焯水；猪肚洗净；姜洗净切片；葱洗净切段。
2. 大米洗净加水煲40分钟至熟。
3. 将猪肚放入有盐、部分姜、部分葱、八角、香叶的水中煲熟后，取出切片。
4. 油锅烧热，放入余下的姜和葱、红椒圈、豆豉爆炒，下咸菜、猪肚炒1分钟，用水淀粉勾薄芡即可与米饭一同盛盘。

农家芋头饭

材料

大米300克，芋头250克，泡发好的香菇5克，花生米10克，蒜苗段、九里香各适量

调料

盐、胡椒粉、食用油各适量

做法

1. 芋头去皮洗净，切粒；香菇洗净，切粒；花生米洗净。
2. 芋头蒸熟，用中温油炸至表层变硬；蒜苗段、香菇入油锅炒香，调入盐、胡椒粉炒匀。
3. 大米洗净入锅煲至八成熟，再放入芋头、蒜苗段、香菇、花生米煲至熟，最后放入洗净的九里香即可。

烧肉饭

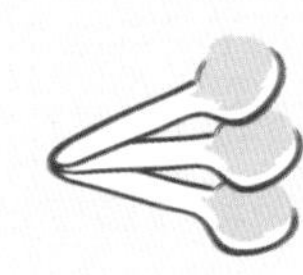

材料

五花肉、大米各150克，青菜100克

调料

盐、五香粉、甘草粉、柱侯酱各适量

做法

1. 五花肉洗净切成条，放盐、甘草粉、五香粉搅拌腌制30分钟。
2. 腌好的五花肉放入烤箱中烤30分钟，取出切片；同时，大米洗净加水入锅煮30分钟至熟盛出。
3. 青菜洗净焯水至熟，和五花肉、饭一起盛盘，柱侯酱盛小碟摆于一旁做调味用。

咖喱牛肉盖饭

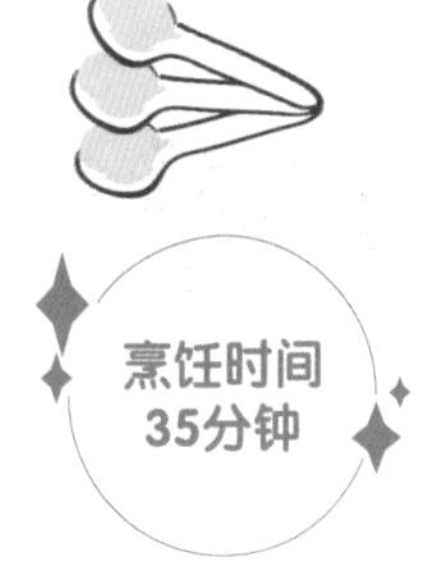

烹饪时间 35分钟

材料

米饭200克，牛肉150克，土豆130克，洋葱60克

调料

盐3克，水淀粉4毫升，料酒5毫升，鸡粉、白胡椒粉各2克，咖喱粉30克，食用油适量

做法

1. 处理好的洋葱切块；洗净去皮的土豆切丁。
2. 牛肉切丁装碗，加2克盐、白胡椒粉、料酒、2毫升水淀粉拌匀，腌制10分钟。
3. 锅中注水大火烧开，倒入牛肉，搅拌片刻去除血沫，捞出，沥干水分待用。
4. 热锅注油烧热，倒入洋葱、土豆炒匀，放入咖喱粉、牛肉，快速翻炒片刻。
5. 注入适量清水，加1克盐，盖上锅盖，中火焖10分钟至熟透；掀开锅盖，加入鸡粉、2毫升水淀粉炒匀，关火，将炒好的咖喱牛肉淋在米饭上即可。

孜然羊肉饭

材料

大米100克，羊肉片80克，上海青适量，青辣椒、红辣椒各10克

调料

酱油10毫升，白糖10克，料酒、孜然粉、食用油各适量

做法

1. 上海青洗净；青辣椒、红辣椒切成圈；羊肉片洗净后，用白糖、料酒和孜然粉腌制10分钟入味。
2. 青辣椒、红辣椒和上海青入锅过油，盛出；羊肉片入锅滑炒至八成熟，盛出。
3. 大米洗净入锅煲至水干后，将上海青、羊肉片和青辣椒、红辣椒分别装入煲内，淋上酱油再煲5分钟即可。

牛排盖饭

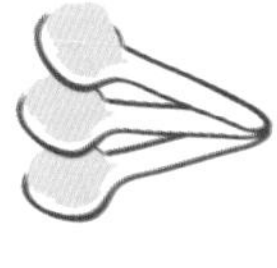

材料

牛排200克，米饭1碗，烤紫菜片、洋松茸、萝卜丝、洋葱末、奶油、肉汤各适量

调料

酱油、米酒、盐、胡椒粉、橄榄油、食用油各适量

做法

1. 将橄榄油、盐、胡椒粉与牛排混合，腌制片刻；洋松茸洗净，切成薄片。
2. 奶油入锅，下洋葱末炒香，加酱油、米酒、肉汤继续炒成酱汁。
3. 油锅烧热，先后将牛排、洋松茸煎至熟透，盛出；将烤紫菜铺在米饭上，淋上酱汁，依次摆入牛排、洋松茸、萝卜丝即可。

海南鸡饭

材料

净鸡1只，肉羹100克，香米200克，椰汁、青葱、香菜、清鸡上汤、香茅各适量

调料

盐、鸡油各适量

做法

1. 将部分清鸡上汤注入煲中，加入肉羹、青葱、香菜煲开，再改慢火煲至出味。
2. 香米洗净，加余下的清鸡上汤、椰汁、盐、香茅，入锅隔水蒸熟，取出后加鸡油拌匀。
3. 将鸡汤煲开后，放入洗净的鸡，改用慢火，捞起沥干水后，将鸡肉撕开摆好于鸡油饭旁即可。

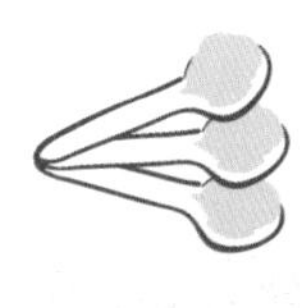

大骨汤盖饭

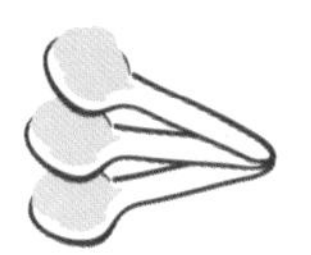

材料

米饭100克，鸡蛋1个，虾60克，鱿鱼30克，牛肉20克，大骨汤、黄瓜、洋葱、蘑菇各适量，葱2根

调料

酱油8克，白糖10克，料酒、盐各适量

做法

1. 洋葱、牛肉、黄瓜、鱿鱼均洗净切丝；虾洗净汆水，去虾壳。
2. 蘑菇洗净切片；葱洗净切段；鸡蛋打入碗中搅拌成蛋液。
3. 大骨汤、酱油、白糖、料酒和盐放入锅中，拌匀，制成盖饭酱汁。
4. 将洋葱、牛肉、鱿鱼、虾、蘑菇、黄瓜和葱段都放入锅中煮。
5. 待上述材料熟后，放入鸡蛋液再煮一会儿。
6. 最后将锅中的材料倒在米饭上即可。

制作指导　牛肉丝可用蛋清抹匀，吃起来口感更嫩滑。

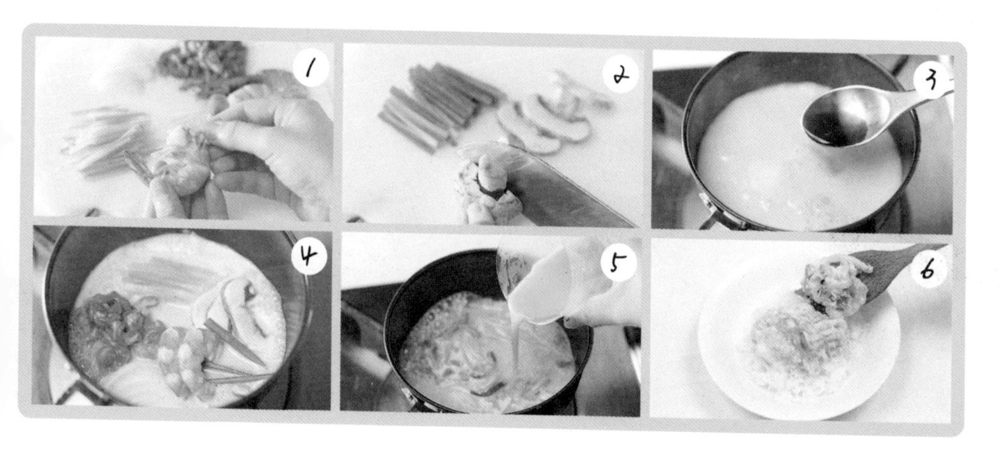

油鸡腿饭

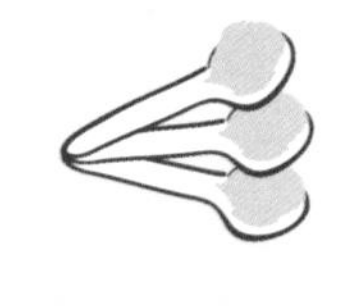

烹饪时间
45分钟

材料

大米150克，小鸡腿1个，青菜100克，草果、桂皮、陈皮、甘草、八角、香叶、姜蓉各适量

调料

生抽、老抽各适量

做法

1. 大米放入锅中加适量水煲至熟，盛出装盘。
2. 另锅中放入清水，加草果、桂皮、陈皮、甘草、八角、香叶煮开，然后放入鸡腿煲30分钟，加生抽、老抽煲1分钟后，取出切块摆在米饭旁。
3. 青菜焯水至熟，摆在米饭旁；姜蓉装碟配于旁，做调味品食用。

芙蓉煎蛋饭

烹饪时间
45分钟

材料

大米150克，菜心100克，鸡蛋3个

调料

盐3克，食用油适量

做法

1. 大米加适量水放入锅中，煲40分钟至熟。
2. 菜心洗净焯熟；鸡蛋打入碗中，加盐调成鸡蛋液。
3. 油锅烧热，倒入鸡蛋液，用小火煎熟，盛出与米饭、菜心装盘即可。

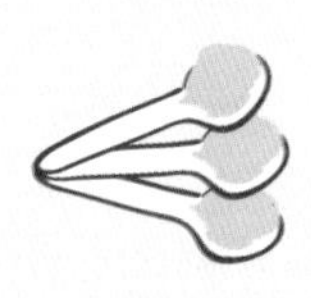

咸蛋四宝饭

材料

咸蛋1个，叉烧肉、白切鸡、烧鸭各50克，大米150克，青菜100克，蒜蓉10克

调料

盐4克

做法

1. 大米洗净，放入锅中加水煮熟成米饭，盛盘。
2. 咸蛋下开水中煮10分钟，捞出去壳，切半；叉烧肉、白切鸡、烧鸭切条，摆在盘中。
3. 水烧开，加盐，放入洗净的青菜焯熟，摆在米饭旁；蒜蓉用小碟盛好做调味用。

明炉烧鸭饭

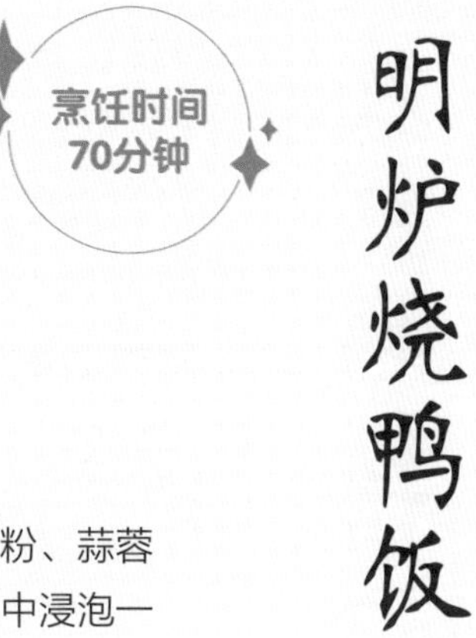

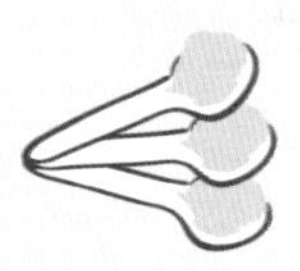

材料

鸭肉150克，青菜100克，大米150克，蒜蓉8克

调料

盐3克，沙姜粉、甘草粉、五香粉各5克，
麦芽糖10克，醋20毫升

做法

1. 将鸭肉洗净改刀，与盐、沙姜粉、甘草粉、五香粉、蒜蓉拌匀，腌制30分钟后，在麦芽糖与醋调制的糖水中浸泡一会儿，沥干水，放入烤箱中烤35分钟。
2. 大米洗净，倒入锅中，加适量水煮熟后盛出；青菜洗净焯至熟，摆盘；鸭肉去油切块，摆于米饭旁即可。

豉椒鳝鱼饭

烹饪时间
35分钟

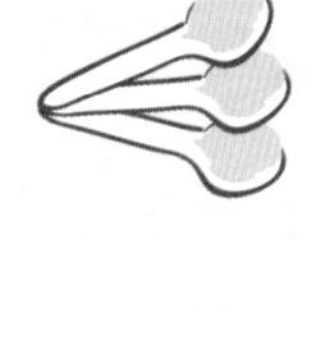

材料

洋葱50克，鳝鱼120克，大米150克，豆豉、姜片、葱段、蒜蓉各5克，青椒、红椒各适量

调料

水淀粉、食用油各适量，盐少许

做法

1. 大米洗净加水，放入锅中煮至熟。
2. 青椒、红椒、洋葱均洗净切成块；鳝鱼收拾干净切成段，汆水。
3. 鳝鱼先下油锅中炒熟后铲起；锅中留油，下姜片、葱段、蒜蓉、豆豉爆炒香，加青椒、红椒、洋葱炒至七成熟，下鳝鱼同炒，加盐调味。
4. 出锅前用水淀粉勾薄芡，与米饭盛盘即可。

豉椒鱿鱼饭

材料

青椒、红椒各50克，鲜鱿鱼100克，米饭150克，菜心120克，豆豉、姜片、葱段、蒜蓉各适量

调料

水淀粉、食用油各适量，盐少许

做法

1、鲜鱿鱼入沸水锅中汆熟后盛出。
2、起油锅，下姜片、葱段、蒜蓉、豆豉爆炒香，加青椒、红椒、菜心炒至七成熟，下鱿鱼同炒，加盐调味。
3、出锅前用水淀粉勾薄芡，盛于米饭旁即可。

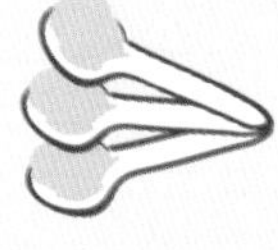

福建海鲜饭

材料

干贝、香菇、火腿各20克，米饭1碗，虾仁、蟹柳、鲜鱿鱼、菜心粒、胡萝卜粒各25克，鸡汤、蛋清各适量，葱花少许

调料

水淀粉、盐、芝麻油各适量

做法

1. 锅中水烧开，放入干贝、香菇、火腿、虾仁、蟹柳、鲜鱿鱼、菜心粒、胡萝卜粒焯一会儿，捞出沥干水分。
2. 将焯过的材料加入鸡汤煮2分钟，调入盐、芝麻油。
3. 锅中加水淀粉勾芡，再加入蛋清快速搅拌一下，盛出铺在米饭上，最后撒上葱花即可。

金枪鱼盖饭

材料

米饭200克，海苔片1/2片，水煮金枪鱼80克

调料

芥末酱3克，无盐酱油2克

做法

1. 无盐酱油、金枪鱼放入锅拌匀；海苔片烤过，切丝备用。
2. 将一半的金枪鱼加入米饭拌匀装盘。
3. 剩余一半的金枪鱼摆在米饭上，撒海苔丝，淋入芥末酱即可食用。

排骨煲仔饭

烹饪时间
35分钟

材料

排骨200克，大米50克，姜丝、香菜各10克

调料

酱油10毫升，食用油适量

做法

1. 将排骨洗净，切成块后汆水待用。
2. 大米洗净加水放入砂锅中，淋入食用油，煲15分钟。
3. 放入排骨、姜丝，淋入酱油，续煲20分钟，最后撒上洗净的香菜即可。

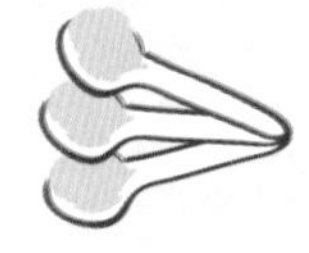

广式煲仔饭

烹饪时间
45分钟

材料

水发大米350克，腊肠75克，鸡蛋1个，

上海青65克，姜丝少许

调料

盐3克，鸡粉2克，食用油适量

做法

1. 将洗净的腊肠斜切成片；洗好的上海青对半切开。
2. 锅中注水烧开，放入上海青，加盐、食用油，煮1分钟至断生，捞出沥干水分，加盐、鸡粉至入味，待用。
3. 砂锅置火上烧热，刷上一层食用油，注入适量清水。
4. 用大火烧热，放入洗净的大米，盖上盖，烧开后转小火煮约30分钟。
5. 揭盖，在米饭上压出一个圆形的窝，放入腊肠片，再打入鸡蛋、撒上姜丝，盖上盖，小火焖10分钟至熟。
6. 关火后揭盖，放入上海青，取下砂锅即成。

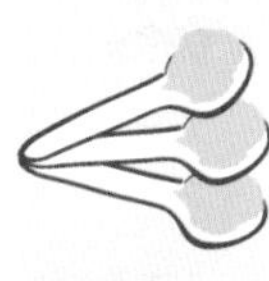

腊味煲仔饭

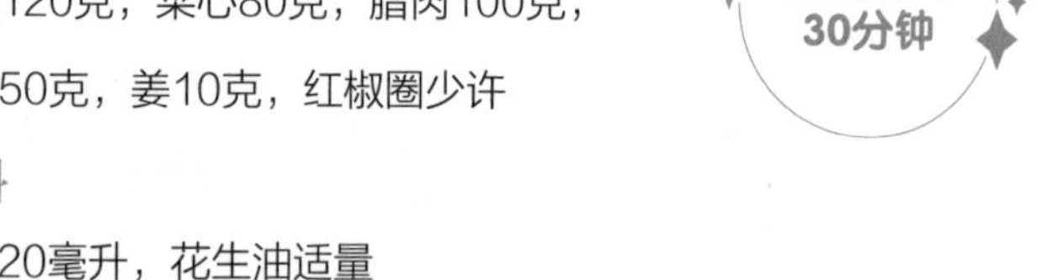

烹饪时间
30分钟

材料

大米120克，菜心80克，腊肉100克，腊肠50克，姜10克，红椒圈少许

调料

生抽20毫升，花生油适量

做法

1. 腊肉浸泡洗净，切成片；腊肠洗净切成段；姜洗净切丝；菜心洗净，焯水至熟。
2. 大米淘净加水放入砂锅中煲25分钟，再放入腊肉、腊肠、姜丝、花生油煲5分钟至熟。
3. 菜心铺于米饭旁，生抽淋于菜上，点缀上红椒圈即成。

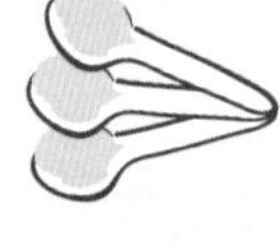

材料

大米100克，菜心80克，排骨150克，姜、红椒、豆豉各10克

调料

生抽8毫升，花生油15毫升

做法

1. 红椒、姜均洗净切丝；排骨洗净，斩块，汆水；菜心洗净，焯水至熟。
2. 大米洗净加水放入砂锅中煲15分钟，再放入排骨、红椒丝、姜丝、豆豉、花生油，煲20分钟至熟。
3. 将菜心放于煲内，将生抽淋于菜上即可。

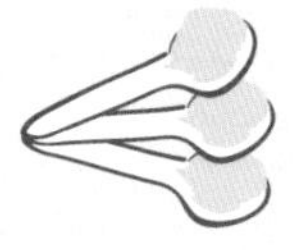

菜薹腊味煲饭

烹饪时间
25分钟

材料

米饭300克，腊肉、腊肠各200克，菜薹100克，葱适量

调料

盐、食用油各适量

做法

1. 腊肉、腊肠均洗净，切成薄片；菜薹洗净，切段；葱洗净，切葱花。
2. 将米饭装进砂锅，把腊肉、腊肠铺在米饭上，隔水蒸20分钟，关火。
3. 油锅烧热，下入菜薹翻炒至熟，加盐调味，起锅放入砂锅内，再撒上葱花即可。

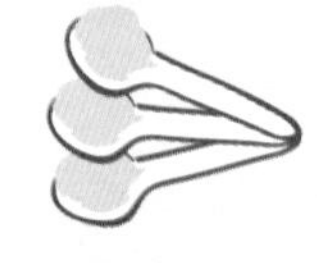

咸鱼腊味煲仔饭

材料

香米150克，腊肉30克，腊肠、腊鸭各50克，咸鱼20克，葱白1棵，红椒1个，姜1块

做法

1. 香米用水浸泡30分钟；腊肉、腊肠、腊鸭、咸鱼切成薄片；葱白切段；红椒、姜切丝备用。
2. 已浸泡好的香米放入砂锅内，加上适量的水，用中火煲至七分熟。
3. 将切好的腊肉、腊肠、腊鸭、咸鱼、姜、葱、红椒放入米饭上，再用慢火煲约15分钟即可。

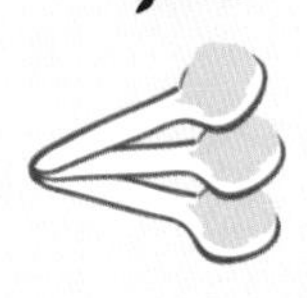

上海鸡饭煲

材料

水发大米110克，鸡肉块200克，桂皮2片，八角2个，葱段适量，蒜末、姜片、香菜各少许

调料

盐、鸡粉各2克，水淀粉5毫升，料酒、生抽各4毫升，食用油适量

做法

1. 沸水锅中倒入洗净的鸡肉块，去除血水后捞出，沥干水待用。
2. 热锅注油烧热，倒入葱段、姜片、桂皮、八角，爆香；倒入鸡肉块拌炒，淋上料酒、生抽。
3. 注入适量清水，加入盐，加盖，大火煮开后转小火焖10分钟。
4. 揭盖，倒入少许蒜末，加入鸡粉拌匀，用水淀粉勾芡，盛入盘中待用。
5. 砂锅注水，倒入泡发好的大米，大火煮开后转小火煲15分钟至米饭熟软。
6. 倒入鸡肉块，中火焖5分钟，最后点缀上洗净的香菜即可。

制作指导　在煮大米的时候，要掌握好火候，不然很容易煳锅。

香菜牛肉煲仔饭

材料

水发大米200克，牛肉100克，姜片、葱段、香菜各少许

调料

生抽8毫升，盐、鸡粉各3克，蚝油5克，水淀粉4毫升，猪油、食用油各适量

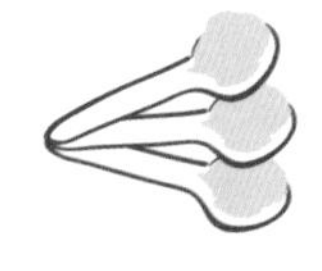

做法

1. 洗净的香菜切成末。
2. 洗好的牛肉切片，加4毫升生抽、1克盐、1克鸡粉、2毫升水淀粉、食用油，拌匀，腌制约10分钟。
3. 锅中加水烧热，倒入牛肉片汆去血水，捞出。
4. 热锅注油，下入姜片、葱段爆香，加牛肉炒至变色；加4毫升生抽、2克鸡粉、2克盐、蚝油、2毫升水淀粉，炒匀，盛出。
5. 把洗净的大米装入碗中，放入猪油拌匀；砂锅加水烧开，倒入大米，煲约15分钟至熟。
6. 倒入牛肉、香菜，续煲至散出香味即可。

窝蛋牛肉煲仔饭

材料

鸡蛋1个，熟牛肉200克，大米100克，菜心80克，姜10克

调料

生抽20毫升，花生油10毫升，芝麻油适量

做法

1. 熟牛肉切片，姜洗净切丝。
2. 大米加水放于砂锅中，煲15分钟后，放上牛肉、打入鸡蛋、姜丝、花生油，再煲5分钟至熟。
3. 菜心焯水至熟，放入砂锅内，再淋芝麻油、生抽于菜心上即可。

PART 3

香味四溢的焖饭

焖饭可加入自己喜欢的食材一起焖，其特点是用料多样，营养丰富，而且口感绵软，香味四溢，令人食欲大振。

豆角咸肉焖饭

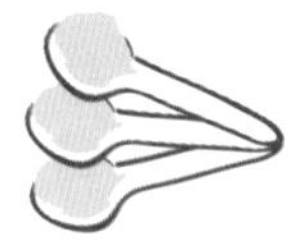

材料

水发大米220克，豆角120克，咸肉65克

做法

1. 洗净的豆角切碎；洗好的咸肉切成丁，备用。
2. 把切好的豆角、咸肉和大米倒入高压锅，再注入适量清水。
3. 盖上盖，用中小火焖约30分钟，至食材熟透即成。

制作指导

咸肉可用清水多冲洗几次，这样能减轻其咸味。

红烧鸡腿饭

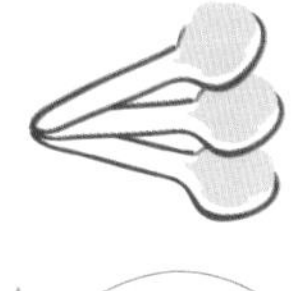

材料

大米120克，鸡腿200克，西蓝花、金针菇、豌豆、玉米粒、胡萝卜丁各适量

调料

盐、糖、生抽、料酒、食用油各适量

做法

1. 砂锅注水，放入洗净的大米，加盖煮熟。
2. 鸡腿洗净，用盐、糖、生抽、料酒腌制10分钟。
3. 西蓝花洗净切块；金针菇、豌豆、玉米粒、胡萝卜丁洗净备用。
4. 油锅烧热，放入鸡腿煎至两面金黄，盛出。
5. 将洗净的蔬菜、金针菇和煎过的鸡腿放在米饭上，加盖续焖10分钟即成。

红薯腊肠焖饭

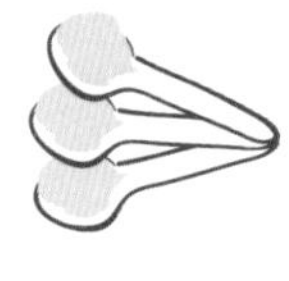

材料

水发大米300克，腊肠80克，去皮红薯350克，葱花少许

调料

盐1克，食用油适量

做法

1. 腊肠切丁；洗净的红薯切丁。
2. 砂锅注水，倒入泡好的大米，放入腊肠、红薯，加入盐、食用油。
3. 拌匀食材，大火烧开后转小火焖20分钟至熟软，把焖饭盛到碗中，撒上葱花即可。

芋头饭

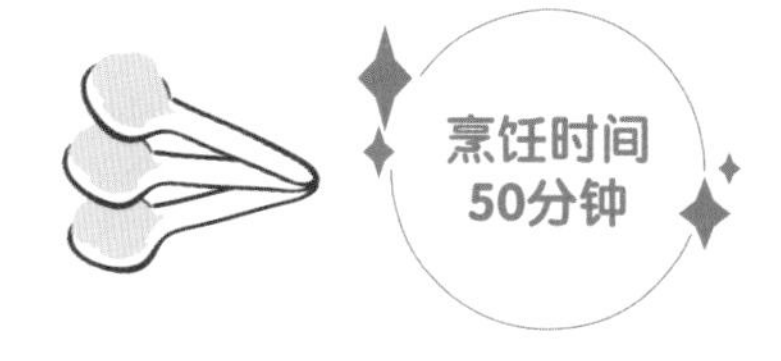

材料

泰国香米200克，芋头50克，猪肉、虾仁、鱿鱼丝、香菇、干贝、胡萝卜、葱花各10克

调料

酱油5毫升，盐3克，糖5克

做法

1. 泰国香米洗净，浸泡20分钟，捞出。
2. 芋头、胡萝卜洗净，去皮，切成小丁；香菇泡发，洗净切丝；猪肉洗净，切小丁；虾仁、鱿鱼丝、干贝洗净。
3. 锅烧热，放猪肉炒出油，放入香菇丝、虾仁、鱿鱼丝、干贝，爆香。
4. 加入胡萝卜丁、芋头丁和适量清水，调入盐、糖、酱油，煮干后盛出所有材料。
5. 将泰国香米放入锅中，加入适量清水，再把煮过的食材放进去拌匀，加盖，大火烧开后转小火焖25分钟。焖饭装入盘中，撒上葱花即可。

菌菇焖饭

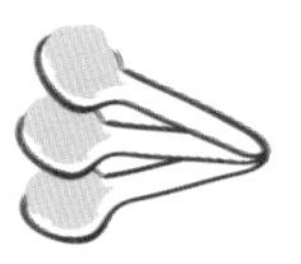

材料

水发大米260克，蟹味菇、杏鲍菇、水发猴头菇、洋葱各适量，蒜末、欧芹各少许

调料

盐2克，鸡粉少许，黄油30克

做法

1. 洗净的洋葱、杏鲍菇切末；洗净的蟹味菇去除根部，再切成小段；洗好的猴头菇切小块，备用。
2. 煎锅置火上烧热，放入黄油，拌至熔化，放入蒜末、洋葱末，炒出香味。
3. 倒入蟹味菇、猴头菇、杏鲍菇，炒匀。
4. 注入适量清水，用大火煮沸，加入盐、鸡粉，炒匀，盛出装入碗中，制成酱菜待用。
5. 高压锅中倒入洗净的大米，注入适量清水，再放入酱菜，搅拌均匀。
6. 盖上盖，用中火焖约20分钟，至食材熟透，放气后揭盖，拌匀后盛出装碗，点缀上洗净的欧芹即可。

制作指导　高压锅中加入的水不宜太多，以免米饭太稀，影响口感。

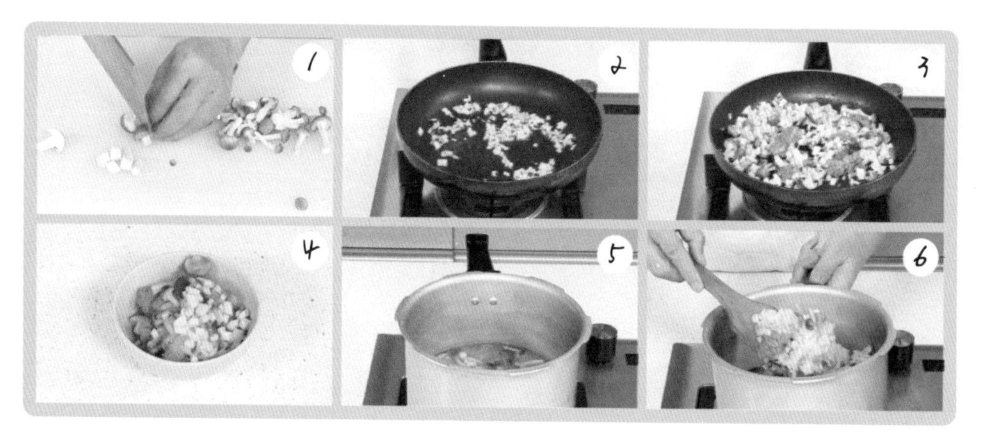

鱼丁花生糙米饭

材料

糙米100克，花生米50克，鳕鱼片200克

调料

盐2克

做法

1. 糙米、花生米分别淘净，以清水浸泡2小时后沥干；鳕鱼片洗净切丁，用盐抹匀后备用。
2. 电饭锅内倒入泡好的糙米、花生米，铺上准备好的鳕鱼，放适量清水，加盖煮熟。
3. 电饭锅开关跳起，续焖10分钟即成。

腊肠土豆焖饭

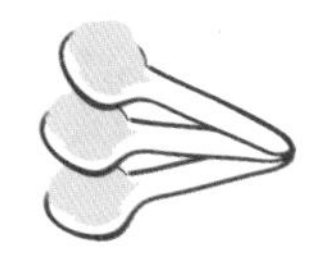

材料

去皮土豆140克，水发大米135克，腊肠90克，干辣椒10克，葱段、蒜末、香菜各少许

调料

盐、鸡粉各1克，生抽3毫升，水淀粉5毫升，食用油适量

做法

1. 土豆切块；洗净的腊肠切成斜刀片，待用。
2. 用油起锅，倒入葱段、蒜末和干辣椒，爆香；放入腊肠片、土豆块，加入生抽，炒匀。
3. 注入适量清水至刚好没过食材，加盖，用大火煮开后转小火续煮10分钟至食材熟软。
4. 揭盖，加入盐、鸡粉，用水淀粉勾芡，盛出土豆和腊肠。
5. 砂锅置火上，注水烧热，倒入泡好的大米，加入少许食用油，用大火煮开后转小火焖20分钟。
6. 倒入土豆和腊肠，加盖续焖5分钟。
7. 将焖好的腊肠土豆饭盛出装碗，点缀上洗净的香菜即可。

红薯糙米饭

材料

水发糙米220克，红薯150克

做法

1. 将去皮洗净的红薯切片，再切条，改切丁。
2. 锅中注入适量清水烧热，倒入洗净的糙米。
3. 盖盖，烧开后转小火煮约40分钟至米粒变软，揭盖，倒入红薯。
4. 再盖盖，用中小火焖约15分钟至食材熟透，盛在碗中，稍微冷却后食用即可。

制作指导

若加入少许白糖，口感会更佳。

薏米山药饭

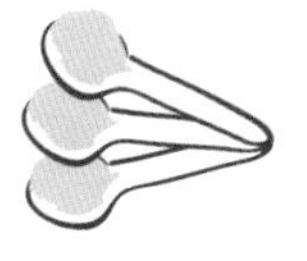

材料

水发大米160克，水发薏米100克，山药160克

做法

1. 将洗净去皮的山药切丁。
2. 砂锅中注入适量清水烧开，倒入洗好的大米、薏米、山药，拌匀。
3. 盖上锅盖，煮开后用小火焖30分钟至食材熟透。
4. 盛出焖好的饭装入碗中即可食用。

制作指导

山药切好后泡在淡盐水中，能防止其氧化变黑。

蛤蜊牛奶饭

材料

蛤蜊250克，鲜奶150毫升，米饭1碗，香葱末少许

调料

盐2克

做法

1. 蛤蜊处理干净，入锅煮至开口，盛出，挑出蛤肉备用。
2. 米饭倒入煮锅，加入鲜奶和盐，以大火煮至汁将要收尽。
3. 将蛤肉加入，同焖至收汁，装碗后撒上香葱末即成。

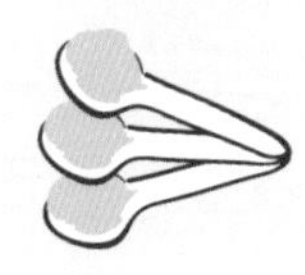

生蚝饭

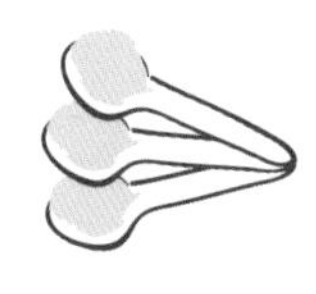

材料

水发大米300克，生蚝肉150克，熟白芝麻适量，葱花、姜末、蒜末各少许

调料

生抽、料酒、胡椒粉、芝麻油各适量

做法

1. 生蚝肉里加葱花、姜末、蒜末、料酒、生抽，拌匀。
2. 蒸锅中注入清水，放入生蚝，蒸至食材熟透。
3. 揭盖，取出生蚝待用。
4. 砂锅中注入清水，倒入大米，煮至大米熟软。
5. 放入生蚝，加芝麻油、胡椒粉，拌匀。
6. 盖上盖，用小火焖至入味；盛出，装入碗中，撒上熟白芝麻即可。

养生五米饭

材料

大米、红米、高粱米、小米、黑米各90克，香菜叶少许

做法

1. 大米、红米、高粱米、小米、黑米放入碗中，加水搅拌均匀，浸泡45分钟。
2. 将泡好的食材沥干水分，备用。
3. 电饭锅中注入适量清水，倒入泡好的食材，拌匀。
4. 盖上盖，选择“煮饭”键，开关跳起后续焖约10分钟。
5. 打开盖，将焖好的饭装入碗中，放上香菜叶做点缀即可。

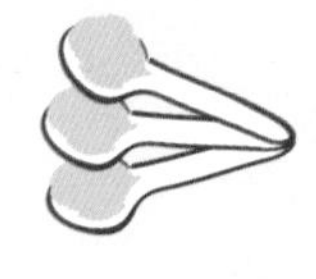

紫米菜饭

材料

紫米1杯，包菜200克，胡萝卜丝少许，

鸡蛋1个，葱丝适量

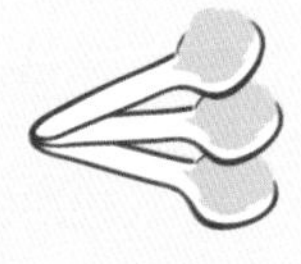

做法

1. 紫米淘净；包菜洗净，切粗丝。
2. 将包菜、胡萝卜丝在紫米里拌匀后放入电饭锅，锅内加适量清水开始煮饭。
3. 鸡蛋打匀，用平底锅分次煎成蛋皮，切丝。
4. 待电饭锅开关跳起，续焖10分钟再掀盖，将饭菜和匀盛起装入盘中，撒上蛋丝、葱丝即可。

PART 4

清新不腻的蒸饭与拌饭

蒸饭制作简单，能最大限度地保留食物的营养，给人以原汁原味的享受。

拌饭用料丰富，色泽鲜艳，闻之清香扑鼻，入口清新不腻。

大麦糙米饭

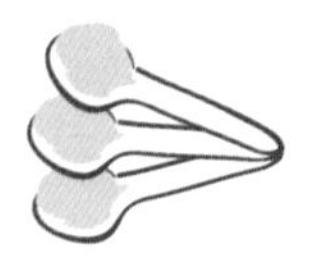

材料

水发大麦200克，水发糙米160克

做法

1. 取一个碗，倒入泡发好的大麦、糙米，再倒入适量清水，拌匀。
2. 蒸锅上火烧开，放入食材。
3. 盖上盖，中火蒸40分钟至熟。
4. 掀开锅盖，将米饭取出即可食用。

制作指导

糙米的浸泡时间最好长一些，能缩短烹饪时间。

大麦杂粮饭

材料

水发大麦100克，薏米、燕麦、红豆、绿豆、小米各50克

做法

1. 取碗倒入绿豆、燕麦、水发大麦、薏米、红豆、小米，拌匀。
2. 蒸锅中注入清水烧开，放入杂粮饭。
3. 加盖，大火蒸1小时至食材熟透。
4. 关火后，盛出蒸好的杂粮饭，待凉即可食用。

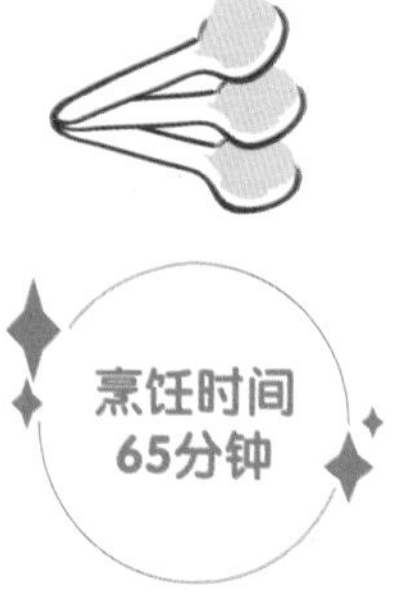

烹饪时间
65分钟

制作指导 根据自己的喜好，可以加入白糖或盐调味。

杂粮饭

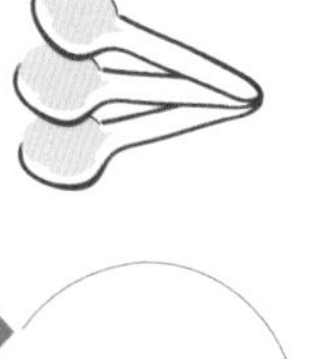

材料

水发大米50克，水发红米、水发燕麦、水发荞麦、水发小米各30克，薄荷叶少许

做法

1. 取电饭锅，倒入红米、燕麦、小米、大米、荞麦，注入适量清水，搅拌均匀。
2. 盖上盖，按“功能”键，选择“五谷饭”功能。
3. 设定时间为40分钟，开始蒸煮。
4. 饭熟后开盖，盛出杂粮饭装入碗中，点缀上洗净的薄荷叶即可。

南瓜糙米饭

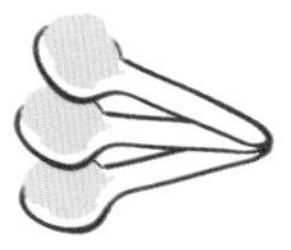

材料

南瓜丁140克，水发糙米180克

调料

盐少许

做法

1. 取一蒸碗，放入洗净的糙米、南瓜丁，注入适量清水，加入盐拌匀，待用。
2. 蒸锅上火烧开，放入蒸碗，盖上盖，用大火蒸约35分钟至食材熟透。
3. 关火后揭盖，待水蒸气散开，取出蒸碗即可食用。

制作指导

蒸碗中可注入适量温水，能使食材更易熟透。

糙米凉薯枸杞饭

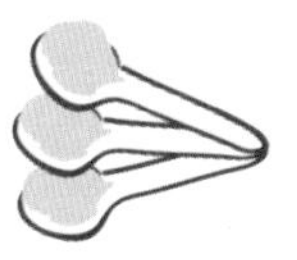

材料

凉薯80克，水发糙米100克，枸杞5克

做法

1. 将泡发好的糙米倒入碗中，加入适量清水，至没过糙米1厘米处。
2. 蒸锅中注入适量清水烧开，放入装好糙米的碗。
3. 盖上盖，大火蒸40分钟至糙米熟软。
4. 揭盖，放入凉薯，铺平，撒上枸杞。
5. 盖上盖，转中火继续蒸20分钟至食材熟透。
6. 取出蒸好的糙米凉薯枸杞饭即可食用。

制作指导　糙米要提前浸泡30分钟左右，这样可以节省蒸饭时间。

土豆蒸饭

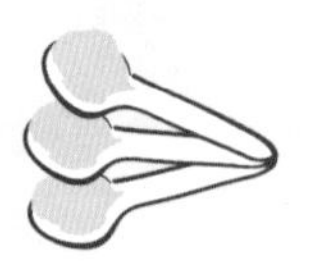

材料

水发大米250克，去皮土豆200克，

去皮胡萝卜20克，葱花少许

调料

生抽、食用油各适量

做法

1. 洗净的土豆切丁；洗净的胡萝卜切丁。
2. 大米倒入碗中，注入适量清水，再放入烧开的蒸锅中，加盖中火蒸20分钟至熟。
3. 土豆丁、胡萝卜丁加生抽拌匀，待用。
4. 揭盖，倒入拌好的材料，淋入食用油。加盖，续蒸8分钟至食材熟透。
5. 关火，取出蒸好的米饭，再撒上少许葱花即可。

腊肠胡萝卜蒸饭

烹饪时间
35分钟

材料

水发大米250克，腊肠40克，去皮胡萝卜70克，葱白少许

调料

食用油适量

做法

1. 将腊肠用斜刀切成薄片；将去皮洗净的胡萝卜切厚片；大米淘洗干净倒入蒸碗。
2. 蒸锅置于火上，注水烧开，放入蒸碗，大火蒸20分钟至熟。
3. 在蒸好的大米上面摆放腊肠片、胡萝卜片、葱白，淋入食用油，加盖续蒸10分钟至食材熟软即可。

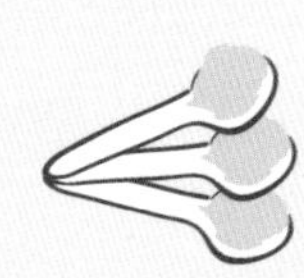

苦瓜荞麦饭

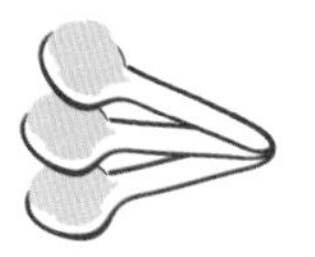

材料

水发荞麦100克，苦瓜120克，红枣20克

做法

1. 砂锅中注入适量清水烧开，倒入切好的苦瓜，焯30秒后捞出，沥干水，装盘备用。
2. 取一个蒸碗，分层次放入荞麦、苦瓜、红枣，铺平，倒入适量清水，使水没过食材约1厘米。
3. 蒸锅中注水烧开，放入蒸碗，中火蒸40分钟至食材熟软。
4. 关火后，取出蒸碗即可食用。

制作指导　苦瓜先焯一下水再炖，这样能减轻其苦味。

木瓜蔬果蒸饭

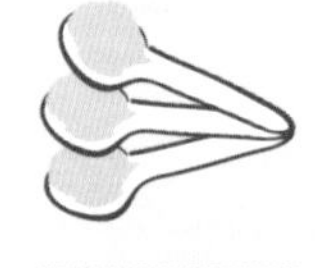

烹饪时间
55分钟

材料

木瓜700克，水发大米、水发黑米各70克，胡萝卜丁30克，葡萄干25克，青豆30克

调料

盐3克，食用油适量

做法

1. 将木瓜雕刻成一个木瓜盖和盅，挖去内籽及木瓜肉。
2. 木瓜肉切成小块，加入黑米、大米、青豆、胡萝卜丁、葡萄干、食用油、盐，注入适量清水，拌匀后盛入木瓜盅里。
3. 蒸锅注水烧开，放入木瓜盅，大火蒸45分钟至食材熟软。
4. 关火后取出木瓜盅，打开木瓜盖即可食用。

材料

梨1个，糯米、川贝母各适量

调料

白糖少许

做法

1. 梨洗净，切成两半，掏出梨核及适量果肉，并将果肉切丁。
2. 糯米洗净，沥干；川贝母洗净。
3. 将梨肉丁、糯米、川贝母加白糖拌匀后，倒入梨中，再将梨放入蒸盘。
4. 将蒸盘放上蒸锅，隔水蒸约30分钟至食物熟软即可。

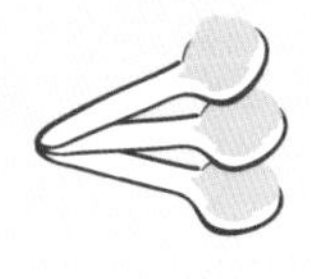

当头蟹饭

材料

大米200克，雪里蕻100克，蟹1只，鱼肉适量

调料

盐、料酒各适量

做法

1. 大米洗净；雪里蕻洗净，切碎；蟹洗净；鱼肉切块。
2. 蟹、鱼肉用料酒、盐腌制10分钟。
3. 将大米、雪里蕻混合拌匀，放入盘中码好，将鱼肉块、蟹放在上面。
4. 将盘放入蒸锅蒸30分钟至熟透，取出即可。

八宝高纤饭

材料

黑糯米4克，长糯米、糙米各10克，大米20克，大豆、黄豆、燕麦各8克，莲子、薏仁、红豆各5克

做法

1. 全部食材洗净，装碗，加适量清水盖过食材，浸泡1小时后将水倒掉，再加入适量清水。
2. 蒸锅注水烧开，放上蒸碗，加盖蒸30分钟至其熟透，取出即可。

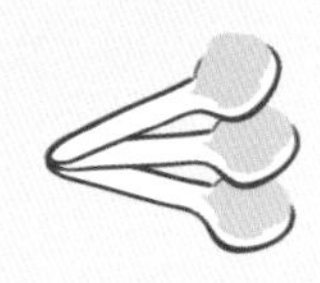

三文鱼蒸饭

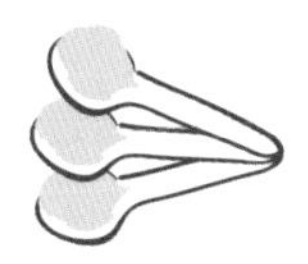

材料

水发大米150克，金针菇50克，三文鱼肉50克，葱花、枸杞各少许

调料

盐3克，生抽适量

做法

1. 洗净的金针菇切去根部，切小段；洗好的三文鱼肉切丁，用盐腌制5分钟。
2. 蒸碗中倒入大米，注入适量清水，加入生抽、三文鱼肉、金针菇，拌匀。
3. 蒸锅注入清水烧开，放上蒸碗，加盖中火蒸40分钟至熟。
4. 揭盖后取出蒸饭，撒上葱花，放上洗净的枸杞即可。

制作指导 水要漫过米，否则水量不够的话，米饭很难熟。

双枣八宝饭

材料

圆糯米、豆沙各200克，红枣、蜜枣、瓜仁、枸杞、葡萄干各30克

调料

白糖100克

做法

1. 将糯米洗净，用清水浸泡1.5小时，捞出入锅蒸30分钟至熟。
2. 碗中刷上白糖，在碗底放上洗净的红枣、蜜枣、瓜仁、枸杞和葡萄干，铺上一层糯米饭。
3. 放入豆沙，再铺上一层糯米饭，蒸碗上笼蒸30分钟至熟透，取出后翻转碗倒在盘上即可。

八宝饭

烹饪时间
70分钟

材料

糯米200克，红枣20克，栗子45克，松仁35克

调料

酱油、黄糖、桂皮粉、蜂蜜糖、盐水、芝麻油各适量

做法

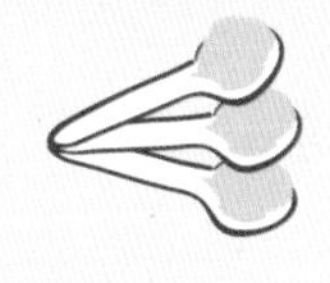

1. 糯米浸泡后淘洗干净，沥干水。
2. 红枣洗净切片；栗子去壳洗净，切丁；松仁去皮。
3. 蒸锅中放入糯米蒸30分钟；另取锅，煮熟红枣备用。
4. 糯米蒸好时，将过滤红枣的水及所有调料放入，搅拌均匀。
5. 放入其他几种食材，搅拌均匀。
6. 将八宝饭放入蒸锅蒸30分钟，凉后取出捏成米团即成。

鸡肉石锅拌饭

材料

米饭300克，鸡肉90克，胡萝卜丝、白萝卜丝、西葫芦片、菠菜段、桔梗段、花生米各适量，熟白芝麻10克

调料

盐3克，辣椒酱10克，食用油适量

做法

1. 鸡肉洗净，切块；石锅洗净，将米饭倒入其中。
2. 另起锅注水烧开，下胡萝卜丝、白萝卜丝、西葫芦片、菠菜段、桔梗段焯熟，捞出沥水，一起摆放在米饭上。
3. 起油锅，放入鸡肉、花生米炒香，加盐、辣椒酱调味，倒入石锅内的米饭上，撒上熟白芝麻即可。

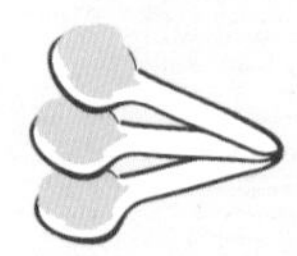

韩式石锅拌饭

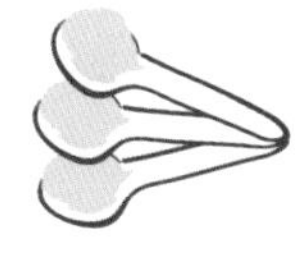

材料

米饭160克，牛肉100克，黄瓜90克，彩椒35克，金针菇60克，荷包蛋1个，熟白芝麻15克

调料

韩式辣椒酱20克，生抽2毫升，盐、白胡椒粉各2克，料酒、水淀粉各4毫升，食用油适量

做法

1. 洗净的黄瓜切丝；洗净的彩椒去籽，切条；洗净的金针菇焯水，捞出后沥干水分。
2. 牛肉洗净切片，加盐、料酒、白胡椒粉、2毫升水淀粉、少许食用油，腌制10分钟。
3. 热锅注油，放入牛肉片炒至变色，加入生抽、清水、2毫升水淀粉，炒匀，盛出装盘。
4. 摆好电火锅，锅内抹上食用油烧热，倒入米饭，炒热压散，盖上盖，调至高档，加热片刻。
5. 掀开锅盖，依次加入牛肉、彩椒、黄瓜、金针菇、荷包蛋、熟白芝麻。
6. 盖上盖，调至中低档，加热4分钟后断电，掀开锅盖，倒入韩式辣椒酱即可。

全素石锅拌饭

烹饪时间
20分钟

材料

米饭250克，豆角、泡菜、黑木耳、莴笋叶、豆芽、胡萝卜、香菇、烤海苔各适量，熟芝麻少许

调料

盐少许，食用油适量

做法

1. 豆角切段；莴笋叶、豆芽洗净备用；黑木耳、香菇洗净，泡发撕片；胡萝卜去皮切丝。
2. 沸水锅下黑木耳、香菇，煮2分钟至熟，捞出沥干水分。
3. 油锅烧热，放入豆角、莴笋叶、豆芽和胡萝卜丝，炒熟，加盐调味。
4. 米饭盛于石锅中，将所有食材摆在上面，撒上熟芝麻，食用时拌匀即可。

牛肉石锅拌饭

材料

米饭300克，牛肉150克，青椒、红椒、洋葱各适量，熟芝麻少许

调料

盐、生抽、食用油各少许

做法

1. 牛肉洗净，切成小块；青椒、红椒洗净，切成斜片；洋葱去衣，洗净切片。
2. 油锅烧热，放入牛肉炒至八成熟，放入青椒、红椒、洋葱炒熟，加盐、生抽调味，关火。
3. 将米饭盛入石锅中，将牛肉起锅倒入，最后撒上熟芝麻即可。

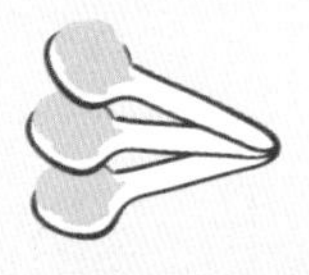

烧牛肉拌饭

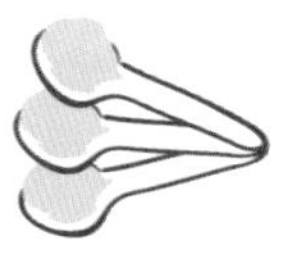

材料

熟五谷饭255克，菠菜70克，胡萝卜85克，白萝卜90克，海苔丝10克，牛肉片80克，熟黑芝麻、白芝麻各10克

调料

盐3克，料酒4毫升，黑胡椒粉2克，生抽8毫升，水淀粉3毫升，食用油适量

做法

1. 洗净的胡萝卜、白萝卜切丝。
2. 将切好的两种萝卜丝放入沸水锅中煮至断生，捞出沥干水分。
3. 锅中加入少许食用油、盐，倒入洗净的菠菜焯熟，捞出沥干。
4. 牛肉片用料酒、黑胡椒粉、生抽、水淀粉略腌，下油锅煎熟，盛出。
5. 熟五谷饭装碗，摆上胡萝卜丝、白萝卜丝、菠菜和牛肉片。
6. 摆上海苔丝，撒上熟黑芝麻、熟白芝麻即可。

制作指导 牛肉可以多腌制片刻再煎，口感会更鲜嫩。

小南瓜拌饭

材料

米饭450克，小南瓜300克，去皮的桔梗200克，泡发的蕨菜180克，鸡蛋2个，海带片3克，蒜泥15克，碎牛肉20克

调料

食用油18毫升，酱油5毫升，白糖6克，辣椒酱15克，盐少许

做法

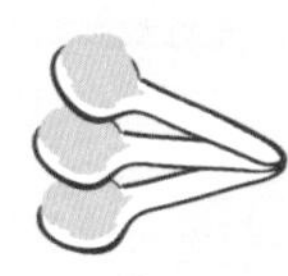

1. 小南瓜洗净切丝，用盐稍腌；桔梗洗净切丝。
2. 蕨菜洗净切段，用酱油、蒜泥腌制。
3. 起油锅，放入桔梗炒熟，盛出；鸡蛋煎成蛋皮后切丝。
4. 另起油锅，分别放入蕨菜段、南瓜丝、海带片炒熟，盛出摆在米饭上，然后将桔梗丝、鸡蛋丝摆在米饭上。
5. 用余油将碎牛肉、白糖、辣椒酱炒熟，盛在米饭上即可。

黄金火腿拌饭

烹饪时间
40分钟

材料

大米150克，玉米粒、火腿、泡菜各适量，薄荷叶少许

调料

盐、胡椒粉、蛋黄酱各少许，食用油适量

做法

1. 大米洗干净，沥干水分；玉米粒洗净，去除麸皮；火腿切薄片；泡菜洗净切小段。
2. 大米放入电饭锅中，加适量水煮熟。
3. 起油锅，倒入玉米粒炒至七成熟，放入火腿、泡菜翻炒，加盐调味后盛入盘。
4. 将煮好的大米饭盛入盘中，加蛋黄酱拌匀，撒上胡椒粉，最后点缀上洗净的薄荷叶即可。

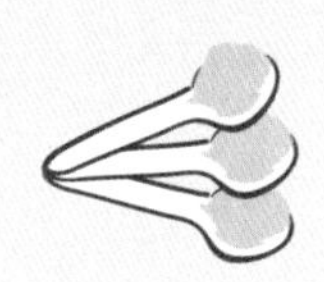

PART 5

焦香可口的炒饭与烤饭

炒饭是用煮好的米饭加配料爆炒而成，制作方便，口味多变，很受大众追捧。

烤饭属于西式烹饪方法，用烤箱制作，米饭外焦内软，口感丰富。

香菇木耳炒饭

烹饪时间
15分钟

材料

米饭200克，鲜香菇50克，水发木耳40克，胡萝卜35克，葱花少许

调料

盐、鸡粉各2克，生抽5毫升，食用油适量

做法

1. 将洗净去皮的胡萝卜、香菇切丁；洗净的木耳切小块。
2. 用油起锅，倒入胡萝卜，略炒；加入香菇、木耳，炒匀。
3. 倒入备好的米饭，炒至松散，放入生抽、盐、鸡粉，炒匀调味。
4. 放入葱花，翻炒均匀，将炒好的米饭盛出，装碗即可。

豆干肉丁炒饭

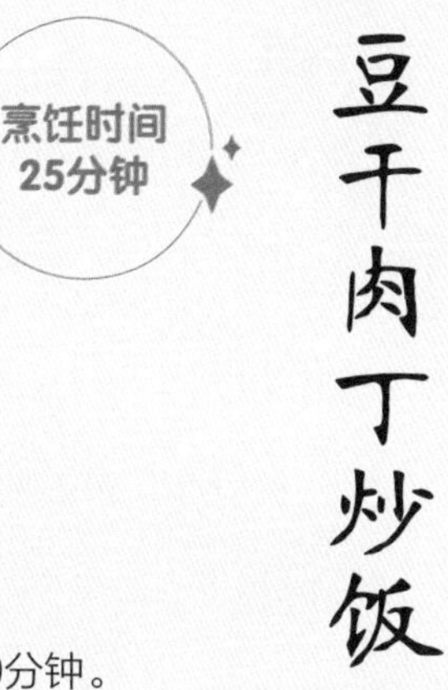

材料

豆腐干50克，瘦肉65克，米饭150克，葱花少许

调料

盐少许，鸡粉2克，生抽4毫升，水淀粉3毫升，料酒、黑芝麻油各2毫升，食用油适量

做法

1. 将洗好的豆腐干切成丁；洗净的瘦肉切成丁。
2. 瘦肉放盐、鸡粉、水淀粉、少许食用油，拌匀腌制10分钟。
3. 用油起锅，倒入瘦肉丁，翻炒至变色；放入豆腐干，翻炒均匀。
4. 淋入料酒，加入生抽，炒匀；倒入米饭，炒松散；放入葱花，炒匀。
5. 最后加入黑芝麻油炒均匀，盛出炒饭即可。

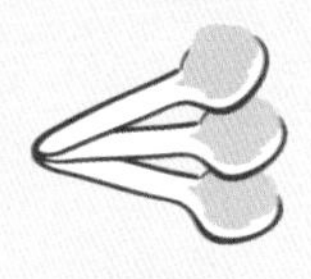

干贝炒饭

烹饪时间
30分钟

材料

水发干贝80克，米饭170克，鸡蛋液65克，姜片、葱段、葱花各少许

调料

盐、鸡粉各1克，料酒5毫升，食用油适量

做法

1. 蒸锅中注入适量清水，大火烧开，放入洗净的干贝，加入姜片、葱段，淋入料酒，用中火蒸20分钟至熟软。
2. 揭盖，取出干贝，凉后撕成干贝丝，备用。
3. 热锅注油烧热，倒入干贝丝，煸炒约1分钟至焦黄后盛出待用。
4. 锅中注油，倒入鸡蛋液，翻炒至五六成熟；放入米饭，翻炒均匀；加入盐、鸡粉，翻炒1分钟至入味；撒入葱花，翻炒均匀。
5. 关火后盛出炒饭，装盘，放上炒好的干贝丝即可。

干贝蛋炒饭

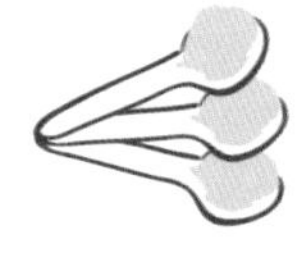

材料

米饭1碗，干贝3粒，蛋液适量，葱1根

调料

盐2克，食用油适量

做法

1. 将干贝洗净，以清水泡10分钟至软，剥成细丝。
2. 将葱洗净，切成葱花。
3. 油锅加热，下入干贝丝炒至酥黄。
4. 倒入米饭、蛋液炒散，加盐调味。
5. 炒至饭粒变干且晶莹发亮，盛出装碗，撒上葱花即可。

黄金炒饭

材料

米饭350克，蛋黄10克，黄瓜30克，去皮胡萝卜70克，洋葱80克

调料

盐2克，鸡粉3克，食用油适量

做法

1. 洗净的洋葱、黄瓜、胡萝卜切丁；将蛋黄打散，与米饭拌匀。
2. 用油起锅，倒入胡萝卜丁、黄瓜丁炒1分钟至熟，盛出备用。
3. 锅底留油，加洋葱、米饭炒熟，加入盐、鸡粉，炒匀。
4. 放入黄瓜、胡萝卜丁，炒至入味。关火后，盛出装盘即可。

制作指导 米饭最好用隔夜的，放了一夜的米饭水分流失了一部分，正好适合炒饭。

香芹炒饭

材料

米饭150克，香芹100克，青豆20克，

鸡蛋1个，胡萝卜80克，姜10克

调料

盐3克，食用油适量

做法

1. 胡萝卜、香芹、姜分别洗净切粒；鸡蛋打成蛋液。
2. 将米饭下油锅中，炒香待用。
3. 油锅烧热，倒入鸡蛋液炒熟后装盘。
4. 另起油锅，放入姜、青豆、香芹、胡萝卜，炒熟。
5. 倒入炒蛋和米饭，加盐调味，炒匀即可。

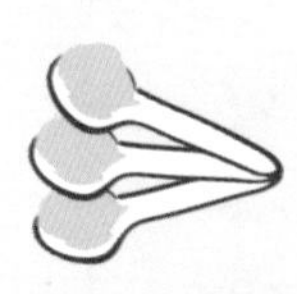

腊肉豌豆饭

材料

米饭150克，腊肉80克，去皮胡萝卜50克，豌豆30克，葱花少许

调料

盐、鸡粉各1克，生抽5毫升，食用油适量

做法

1. 腊肉切丁；洗好的胡萝卜切丁。
2. 沸水锅中倒入豌豆，煮至断生，捞出沥干待用。
3. 锅中再倒入腊肉丁，煮一会儿至去除多余盐分，捞出沥干待用。
4. 起油锅，倒入米饭、腊肉丁、胡萝卜丁、豌豆，加入生抽、盐、鸡粉，翻炒约2分钟至入味，撒入葱花，炒匀后装碗即可。

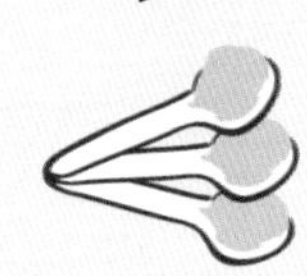

木耳鸡蛋炒饭

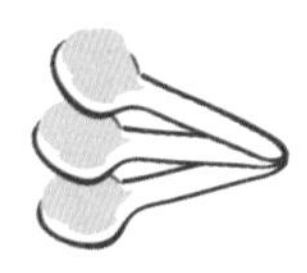

材料

米饭200克，水发木耳120克，火腿肠75克，鸡蛋液45毫升，葱花少许

调料

盐、鸡粉各2克，食用油适量

做法

1. 将洗好的木耳切丝，再切碎；火腿肠去除包装，切丁。
2. 热锅注油烧热，倒入备好的鸡蛋液，炒至松散，盛出装入盘中待用。
3. 锅底留油烧热，倒入木耳、火腿肠，翻炒均匀；倒入米饭，炒松散；倒入炒好的鸡蛋，快速翻炒片刻。
4. 加入盐、鸡粉，翻炒调味；撒上少许葱花，翻炒出葱香味。关火后，将炒好的饭盛出，装入盘中即可。

茴香炒饭

材料

茴香80克，香菇50克，米饭170克，豌豆45克

调料

盐、鸡粉各2克，生抽2毫升，食用油适量

做法

1. 洗净的香菇切成条，再切丁；择洗好的茴香切成小段；沸水锅中倒入豌豆，煮至断生，捞出沥干待用。
2. 热锅注入适量的食用油烧热，倒入切好的香菇，炒出香味。
3. 倒入豌豆，快速翻炒均匀；放入备好的茴香、米饭，快速翻炒松散。
4. 淋入生抽，炒匀；加入盐、鸡粉，翻炒至入味。关火后，将炒好的饭盛出，装入碗中即可。

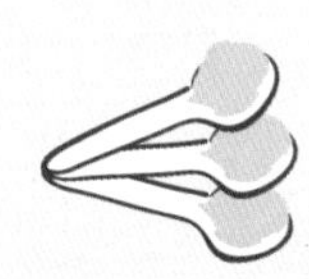

橄榄菜炒饭

材料

米饭200克，胡萝卜50克，玉米粒60克，橄榄菜40克，蒜末少许

调料

盐、鸡粉各2克，食用油适量

做法

1. 胡萝卜去皮后洗净，先切成片，再切成条，然后切成小丁。
2. 热锅注油烧热，倒入蒜末，爆香；倒入胡萝卜丁、玉米粒，翻炒至变软。
3. 倒入备好的米饭，翻炒松散，然后加入少许清水，快速翻炒片刻。
4. 加入盐、鸡粉，翻炒调味；倒入橄榄菜，快速翻炒。关火后，将炒好的饭盛出，装入碗中即可。

芦笋培根炒饭

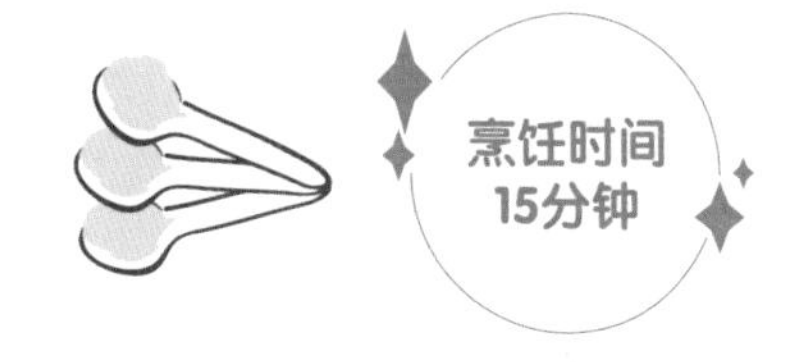

材料

米饭250克，芦笋75克，培根65克，洋葱35克，葱花、蒜末各少许

调料

盐、鸡粉各2克，生抽4毫升，食用油适量

做法

1. 处理好的洋葱切成小块；洗好的培根切成小块；去皮的芦笋斜刀切成段，待用。
2. 锅中注入适量清水，大火烧开，倒入切好的芦笋段，焯熟后捞出，沥干水分，待用。
3. 热锅注油烧热，倒入蒜末炒香，倒入备好的培根、洋葱、芦笋，快速翻炒片刻；再倒入米饭，翻炒松散。
4. 加入盐、鸡粉、生抽，翻炒调味，撒上葱花。关火后，将米饭盛出装入盘中即可。

松仁玉米炒饭

材料

米饭300克，玉米粒、青豆、水发香菇各35克，腊肉55克，鸡蛋1个，熟松仁25克，葱花少许

调料

盐2克，食用油适量

做法

1. 将洗净的香菇、腊肉切成丁；鸡蛋打成蛋液待用。
2. 锅中注入适量清水烧开，倒入洗净的青豆、玉米粒，煮2分钟至食材断生，捞出沥干待用。
3. 用油起锅，倒入腊肉丁、香菇丁，翻炒匀；加入蛋液，放入米饭，用中小火炒匀，再倒入青豆、玉米粒。
4. 加入盐，撒上葱花，用大火炒出香味；倒入熟松仁，炒匀。关火后，盛出炒好的米饭即可。

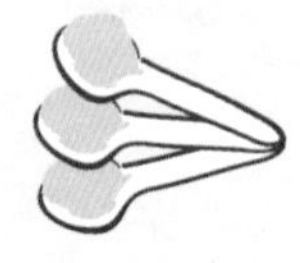

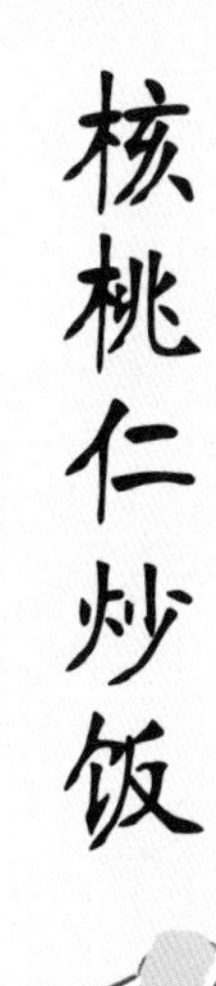

核桃仁炒饭

烹饪时间
15分钟

材料

米饭200克，核桃仁45克，青椒40克，

红椒35克，胡萝卜60克

调料

盐、鸡粉各2克，生抽4毫升，食用油适量

做法

1. 将洗净的胡萝卜、青椒、红椒切丁。
2. 热锅注油烧至三成热，放入核桃仁，滑油至微黄色，捞出，沥干油分后待用。
3. 用油起锅，倒入切好的胡萝卜、青椒、红椒、米饭，炒松散。
4. 放入盐、鸡粉、生抽调味，炒匀。将炒好的米饭盛出装盘，放上核桃仁即可。

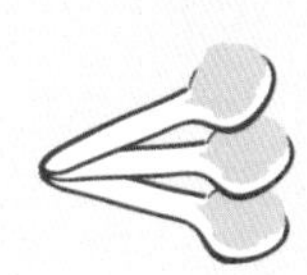

绿豆薏米炒饭

材料

水发绿豆70克，水发薏米75克，米饭170克，胡萝卜丁50克，芦笋丁50克

调料

盐、鸡粉各1克，生抽5毫升，食用油适量

做法

1. 沸水锅中倒入泡好的绿豆、薏米。
2. 用大火煮开后转中火续煮30分钟至熟软，关火后盛出绿豆和薏米，装盘。
3. 用油起锅，倒入胡萝卜丁、芦笋丁，翻炒均匀。
4. 放入煮好的绿豆和薏米，炒匀；倒入米饭，压散，炒约1分钟至食材熟软。
5. 加入生抽、盐、鸡粉，炒匀调味。
6. 关火后，将炒饭盛出装碗即可。

制作指导　锅中的水不宜过多，不然煮出来的饭太湿。

柏子仁玉米饭

烹饪时间
30分钟

材料

米饭100克，玉米粒、柏子仁、香菇丁、青豆、胡萝卜丁、土豆丁、肉丁各适量

调料

盐、酱油、食用油各适量

做法

1. 柏子仁洗净压碎，包入布包，用4杯水煮成1杯水。
2. 洗净的青豆、玉米粒、胡萝卜丁、土豆丁加水煮熟，捞出沥干水分，待用。
3. 油锅烧热，肉丁入锅爆香至变色；放入香菇丁、柏子仁和捞出的食材，拌炒。
4. 倒入米饭，加盐、酱油调味，拌炒均匀即可。

奶酪姬松茸炒饭

烹饪时间
10分钟

材料

水发姬松茸60克，西葫芦60克，米饭170克，奶酪25克

调料

盐、鸡粉各2克，黄油30克

做法

1. 西葫芦清洗干净，切丁；泡好的姬松茸切碎。
2. 热锅中放入黄油，搅至熔化，倒入切碎的姬松茸，翻炒约1分钟至闻到香味。
3. 倒入西葫芦丁、奶酪，放入米饭并压散，炒约1分钟至熟软。
4. 加入盐、鸡粉，炒匀至入味即可。

鳕鱼蛋包饭

烹饪时间
20分钟

材料

鳕鱼100克，西红柿120克，鸡蛋3个，米饭250克

调料

盐、食用油各适量

做法

1. 将鳕鱼、西红柿洗净，切粒；鸡蛋打散，加盐搅匀，备用。
2. 锅中注油烧热，倒入1个鸡蛋的蛋液煎成大饼状盛出；再放入鳕鱼粒，煎熟。
3. 将剩余蛋液与米饭翻炒，加入鳕鱼、西红柿炒香，再用蛋皮包起来即可。

腊味蛋包饭

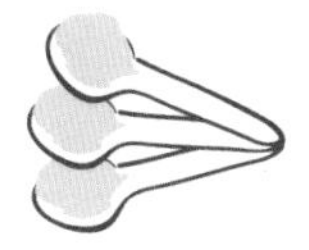

材料

米饭260克，洋葱90克，胡萝卜90克，腊肠70克，鸡蛋2个

调料

盐、鸡粉各2克，生抽4毫升，水淀粉3毫升，食用油适量

做法

1. 将腊肠和洗净的洋葱、胡萝卜切成丁。
2. 鸡蛋打入碗中，搅成蛋液，加入水淀粉，搅匀，待用。
3. 用油起锅，倒入蛋液摊平，煎成形；将鸡蛋翻面，煎至金黄色，盛出，铺在盘底。
4. 另用油起锅，放入胡萝卜，略炒；加入腊肠，炒匀；放入洋葱，炒香。
5. 倒入米饭炒松散；放生抽、盐、鸡粉调味，炒匀。
6. 盛出适量炒好的腊味饭，放在盘中蛋皮中央，用蛋皮包裹好腊味饭。
7. 食用时，沿对角线划开蛋皮即可。

叉烧肉炒饭

材料

米饭190克，叉烧肉60克，鸡蛋液60毫升，洋葱70克，香芹叶少许

调料

盐、鸡粉各2克，食用油适量

做法

1. 备好的叉烧肉、洋葱切成片，切条，再改切丁。
2. 热锅注油，倒入叉烧肉、洋葱，炒香。
3. 倒入米饭，快速翻炒松散；倒入蛋液，炒匀。
4. 加入盐、鸡粉，翻炒至食材入味。盛出装碗，点缀上洗净的香芹叶即可。

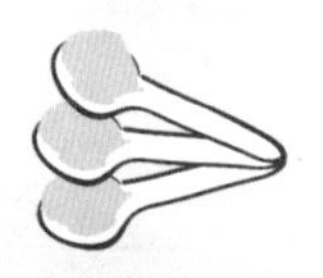

菠菜叉烧肉炒饭

烹饪时间
15分钟

材料

米饭220克，叉烧肉130克，菠菜100克，

葱花少许

调料

盐、鸡粉各2克，食用油适量

做法

1. 择洗干净的菠菜切成小段，待用；叉烧肉切成均匀的小块，待用。
2. 锅中注入适量食用油烧热，倒入叉烧肉炒香。
3. 倒入葱花、米饭，翻炒至米饭松散呈粒状。
4. 倒入菠菜段、盐、鸡粉，翻炒入味。关火，盛出炒好的米饭装入盘中即可。

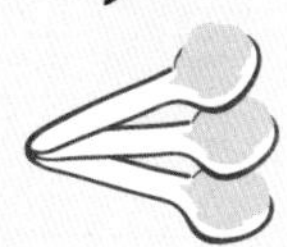

黄姜炒饭

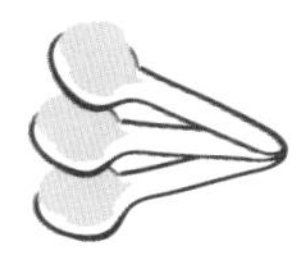

材料

米饭180克，叉烧肉100克

调料

生抽5毫升，盐、鸡粉各2克，黄姜粉20克，食用油适量

做法

1. 叉烧肉切片，切条，再切丁。
2. 热锅注油烧热，倒入叉烧肉，炒香。
3. 倒入米饭，翻炒松散；加入生抽、盐、鸡粉，翻炒片刻至入味。
4. 倒入黄姜粉，快速翻炒均匀。关火后，将炒好的饭盛出装入碗中即可。

制作指导　炒饭的时候一定要将米饭炒松散，味道才更均匀。

三文鱼炒饭

烹饪时间
15分钟

材料

米饭140克，鸡蛋2个，三文鱼80克，胡萝卜50克，豌豆30克，葱花少许

调料

盐、鸡粉各2克，橄榄油适量

做法

1. 洗净去皮的胡萝卜切成丁；处理干净的三文鱼切成丁；鸡蛋打成蛋液。
2. 锅中注入适量清水烧开，倒入胡萝卜、豌豆，煮至断生，捞出后沥干水分，待用。
3. 锅置火上，加入橄榄油烧热，倒入蛋液翻炒成蛋花；倒入三文鱼，翻炒至其变色。
4. 倒入米饭，快速翻炒至松散；放入胡萝卜、豌豆，翻炒均匀。
5. 加入盐、鸡粉，炒匀入味；撒上少许葱花，炒香，装入盘中即可。

小鱼干蔬菜炒饭

材料

米饭1碗，小鱼干15克，青椒、红椒、胡萝卜、洋葱、芝麻各适量

调料

盐、酱油、白糖各少许，食用油适量

做法

1. 把小鱼干放在筛网中轻轻摇晃，去掉小鱼干渣，洗净。
2. 胡萝卜洗净，切成丁。
3. 洋葱、青椒和红椒均洗净，切条后再切成丁。
4. 油锅烧热后，放入小鱼干、胡萝卜、青椒、红椒和洋葱，大火翻炒。
5. 倒入米饭，改中火炒至米饭呈黄色。
6. 加入盐、酱油、白糖调味，再放入芝麻，翻炒入味即可。

鱼丁炒饭

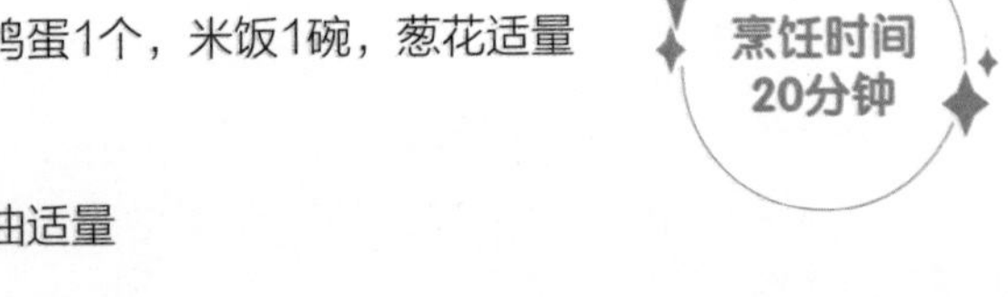

烹饪时间
20分钟

材料

白北鱼1片，鸡蛋1个，米饭1碗，葱花适量

调料

盐2克，食用油适量

做法

1. 白北鱼洗净，去骨切丁；鸡蛋打成蛋液。
2. 炒锅加食用油烧热，鱼丁过油，再下米饭炒散，加盐、葱花，炒匀提味。
3. 淋上蛋液，炒至收干即成。

意式酿鱿筒饭

材料

鲜鱿鱼1条，鱼块、虾仁、带子各5克，鸡蛋1个，米饭50克，西蓝花30克，圣女果20克

调料

盐、胡椒粉、食用油、七味粉各适量

做法

1. 鱼块、虾仁、带子洗净待用；西蓝花切成小块；鸡蛋打成蛋液；鲜鱿鱼洗干净，沥干水分。
2. 油锅烧热，下蛋液、米饭、鱼块、虾仁、带子炒至七分熟，放入盐、胡椒粉调味，炒匀后盛出待用。
3. 将炒饭塞入鲜鱿鱼里面；锅中注少许油，将鲜鱿鱼煎熟后装盘。
4. 盘边放上西蓝花和圣女果点缀，再撒上七味粉即可。

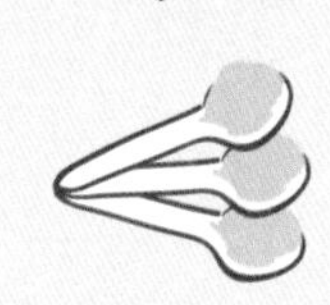

莴苣叶炒饭

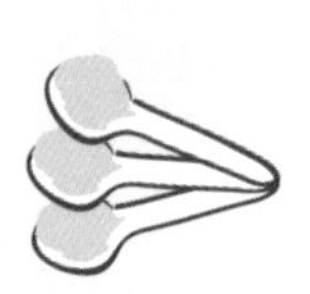

材料

莴苣叶80克，腊肠75克，胡萝卜55克，米饭150克

调料

生抽5毫升，盐、鸡粉各2克，食用油适量

做法

1. 择洗好的莴苣叶切碎；洗净去皮的胡萝卜切丁；腊肠洗净后切片。
2. 热锅注油烧热，倒入胡萝卜、腊肠，炒香；倒入米饭，快速翻炒松散。
3. 淋入生抽，翻炒上色；倒入莴苣叶，翻炒片刻至莴苣叶变软。
4. 加入盐、鸡粉，翻炒入味。关火后，将炒好的饭盛出，装入碗中即可。

西湖炒饭

材料

米饭1碗，虾仁50克，笋丁30克，青豆20克，火腿5片，鸡蛋2个，葱花少许

调料

盐3克，鸡粉2克，食用油适量

做法

1. 将青豆、虾仁洗净；鸡蛋打散成鸡蛋液。
2. 沸水锅中倒入笋丁和青豆，煮至断生，捞出沥干水分。
3. 炒锅注油烧热，下虾仁、笋丁、青豆、火腿、鸡蛋液，炒匀炒透。
4. 倒入米饭炒散，加盐、鸡粉，翻炒均匀，最后撒上葱花即可。

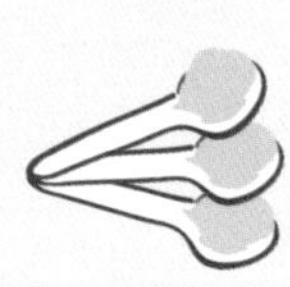

沙茶羊肉炒饭

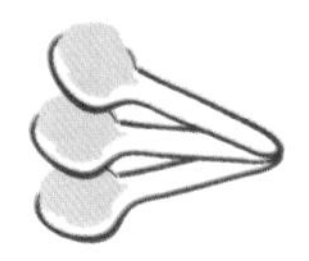

材料

空心菜80克，羊肉75克，米饭160克，姜末、蒜末各少许

调料

盐、鸡粉各1克，白胡椒粉2克，料酒、水淀粉各5毫升，生抽8毫升，沙茶酱30克，食用油适量

做法

1. 洗净的空心菜切碎；洗好的羊肉切片。
2. 羊肉片装碗，加入盐、白胡椒粉、料酒、4毫升生抽、水淀粉、少许食用油，拌匀，腌制10分钟。
3. 热锅注油，倒入腌好的羊肉，炒约1分钟至稍微转色。
4. 倒入姜末、蒜末，翻炒出香味；放入沙茶酱，炒匀。
5. 倒入米饭，炒散；倒入空心菜，炒约1分钟至微熟。
6. 加入4毫升生抽、鸡粉，翻炒调味。关火后，盛出装碗即可。

制作指导 空心菜宜用旺火快炒，避免营养流失。

美式海鲜炒饭

烹饪时间
20分钟

材料

米饭90克，青椒、红椒、洋葱、西红柿、瘦肉、鸡腿肉、蛤蜊、虾仁各55克，香芹叶少许

调料

盐、鸡粉各2克，食用油适量

做法

1. 洗净的青椒、红椒、西红柿、洋葱切成小块；洗净的瘦肉切片；鸡腿肉切小块。
2. 用油起锅，倒入瘦肉片、鸡腿肉，炒约1分钟至食材转色。
3. 放入米饭，压散，炒约1分钟；放入青椒、红椒、洋葱、西红柿，翻炒均匀。
4. 注入适量清水，大火炒至熟软入味。
5. 倒入蛤蜊、虾仁，拌炒约1分钟至熟透。
6. 加入盐、鸡粉，拌炒至入味。关火后，将炒饭盛入盘中，点缀上洗净的香芹叶即可。

印尼炒饭

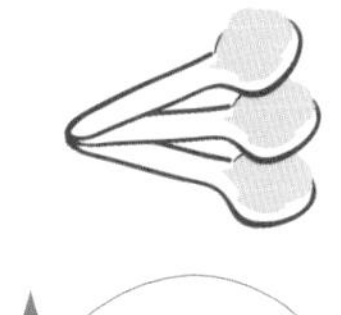

材料

米饭200克，包菜100克，胡萝卜120克，

牛肉90克，虾米适量

调料

盐2克，鸡粉3克，生抽5毫升，沙茶酱20克，食用油适量

做法

1. 将洗净的包菜、胡萝卜、牛肉切丝。
2. 用油起锅，放入牛肉丝，略炒。
3. 倒入洗净的虾米、胡萝卜丝，炒匀炒香。
4. 加入沙茶酱，炒匀；倒入米饭，炒松散。
5. 倒入包菜丝，放生抽，炒匀。
6. 加盐、鸡粉，炒匀调味。关火后，盛出装入碗中即可。

制作指导 牛肉纤维较粗，应垂直肉纤维来切，这样可以将肉纤维切断，更容易食用。

洋葱烤饭

烹饪时间
40分钟

材料

大米180克，洋葱70克，蒜头30克，香菜少许

调料

盐少许，食用油适量

做法

1. 将洗净的洋葱切成小块；备好的蒜头对半切开。
2. 用油起锅，倒入切好的蒜头、洋葱，大火快炒至其变软；倒入洗净的大米，炒匀。关火后，盛出装在烤盘中。
3. 加入适量清水，搅匀，使米粒散开；撒上盐，搅匀。
4. 将烤盘放入预热好的烤箱，调节温度为180℃，时间为30分钟，烤至食材熟透。
5. 打开箱门，取出烤盘，稍微冷却后将烤饭盛入碗中，撒上洗净的香菜即可。

西红柿鸡肉烤饭

烹饪时间
35分钟

材料

鸡胸肉70克，米饭160克，胡萝卜丁、土豆丁、红椒丝、青椒丝、洋葱丝各适量，西红柿120克，芝士粉少许

调料

盐、鸡粉各3克，生抽4毫升，番茄酱25克，水淀粉、食用油各适量

做法

1. 洗净的西红柿切丁；洗净的鸡胸肉切丝装入碗中，加入1克盐、1克鸡粉、水淀粉、少许食用油腌制，待用。
2. 用油起锅，倒入鸡肉丝，加入番茄酱、西红柿炒匀；倒入洋葱丝、土豆丁、胡萝卜丁，淋上生抽，炒匀炒香；注入适量清水，加入2克盐、2克鸡粉，炒匀调味，关火后待用。
3. 烤盘中铺好锡纸，刷上适量油，倒入米饭，铺平；盛入锅中的食材，撒上芝士粉，放入青椒丝、红椒丝，摆好造型。
4. 将烤盘放入预热好的烤箱，200℃烤约15分钟。
5. 打开箱门，取出烤盘，稍微冷却后将烤饭装在盘中即成。

PART 6

浓郁鲜香的烩饭与泡饭

烩饭的包容性很强，冷菜、炒菜、烧菜、炸菜、腌菜、卤菜等都可以入锅与米饭同烩，这样烩出来的饭菜，味道特别鲜美。

泡饭做法简单，米饭与汤同食，营养丰富，鲜香可口。

咖喱西红柿烩饭

烹饪时间
20分钟

材料

米饭280克，西红柿180克，蛋清50毫升，洋葱70克

调料

盐、鸡粉各2克，咖喱粉20克，食用油适量

做法

1. 处理好的洋葱切块；洗净的西红柿切丁。
2. 热锅注油烧热，倒入蛋清炒至凝固，盛出装碗，待用。
3. 锅中再次注油烧热，倒入洋葱、西红柿、蛋清、米饭，快速翻炒松散。
4. 倒入咖喱粉，翻炒片刻。
5. 注入少许清水，加入盐、鸡粉调味，炒匀。关火后，盛出装入盘中即可。

凤尾鱼西红柿烩饭

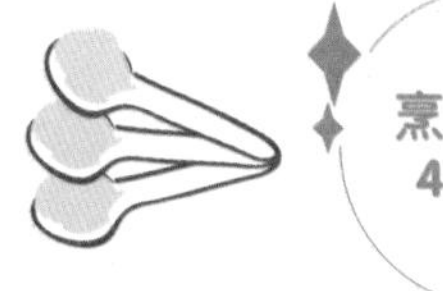

材料

罐头凤尾鱼150克，西红柿1个，白洋葱120克，水发大米150克，圣女果1个，奶酪3片，芝士粉、香菜末、蒜蓉少许，朝天椒圈5克，香叶1片，清汤100毫升

调料

椰子油3毫升，朗姆酒50毫升，盐、胡椒粉各2克

做法

1. 凤尾鱼、洗净的白洋葱切碎；洗好的西红柿切成丁；洗净去蒂的圣女果底部切十字花刀。
2. 锅置火上，倒入适量清水，加入清汤，放入盐、胡椒粉，煮约2分钟至沸腾；关火后，将煮好的汤料装碗，待用。
3. 洗净的锅置火上，倒入椰子油，烧热；倒入切好的凤尾鱼、白洋葱，翻炒均匀。
4. 加入蒜蓉、朝天椒圈、香叶，用小火炒香；倒入泡好的大米，用中小火炒约2分钟至水分收干。
5. 放入切好的西红柿丁，翻炒均匀；倒入煮好的汤料、朗姆酒，大火煮沸后，用小火焖20分钟至汤汁收干。
6. 放入奶酪片，搅拌均匀，加盖，续焖5分钟至入味。
7. 关火后，盛出烩饭装盘；撒上芝士粉、香菜末，放上切好的圣女果即可。

茄子西红柿咖喱烩饭

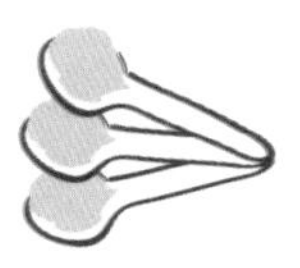

材料

米饭150克，肉末200克，茄子140克，西红柿100克，朝天椒碎3克，白洋葱60克，梅干、蒜末、香菜末各适量

调料

椰子油6毫升，辣椒粉、生抽、白糖、咖喱粉、白胡椒粉、盐各适量

做法

1. 茄子、西红柿、白洋葱切成丁。
2. 热锅倒入椰子油烧热，放入白洋葱、蒜末、朝天椒碎，炒香。
3. 倒入备好的肉末，快速翻炒均匀；倒入茄子，炒匀。
4. 加入盐、白胡椒粉，翻炒匀；再加入咖喱粉、白糖、生抽、梅干、辣椒粉，翻炒调味。
5. 加入西红柿，注入清水，搅拌均匀；盖上锅盖，大火煮开后转小火焖约10分钟。
6. 揭开锅盖，将做好的茄子西红柿咖喱酱倒在米饭上，撒上香菜即可。

制作指导　肉末一定要翻炒松散，以免结块，使口感不均。

香菇鸡肉烩饭

烹饪时间
25分钟

材料

鸡胸肉60克，香菇20克，胡萝卜40克，米饭160克，葱花少许

调料

盐、鸡粉各4克，料酒4毫升，水淀粉、食用油、芝麻油各适量

做法

1. 鸡胸肉切丁；洗好的香菇去蒂，切丁；胡萝卜切成丁。
2. 鸡肉加2克盐、2克鸡粉、水淀粉、少许食用油，腌制约10分钟。
3. 锅中注入清水烧开，倒入胡萝卜、香菇，焯约1分钟捞出。
4. 用油起锅，倒入鸡肉丁，炒至变色。
5. 倒入焯好的食材，炒匀；倒入料酒、2克鸡粉、2克盐，注入少许清水，略煮。
6. 倒入米饭，炒至松散；撒上葱花，炒香；淋入芝麻油，炒匀即可。

制作指导 炒米饭时，要边翻炒边把成块的米饭压松散，这样不仅可以防止粘锅，而且口感更均匀。

三鲜烩饭

材料

米饭150克，虾仁、猪肉片、文蛤、西蓝花、胡萝卜片、木耳片各10克，葱段、高汤各适量

调料

盐、食用油、蚝油各适量

做法

1. 文蛤、虾仁收拾干净；西蓝花洗净切朵，焯至断生，捞出。
2. 油锅烧热，葱段爆香；将文蛤、猪肉片、虾仁、胡萝卜片、木耳片、西蓝花朵入锅，炒熟。
3. 加高汤、适量清水、盐、蚝油，待汤煮开；米饭盛于碗中，淋上完成的烩汁即可。

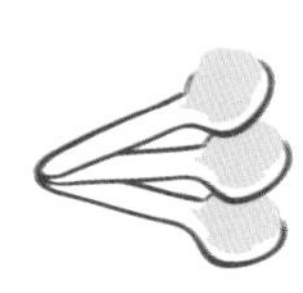

风味泡饭

材料

粳米300克，泡软的蕨菜80克，去皮的桔梗70克，黄豆芽、牛肉各150克，萝卜200克，葱末20克，蒜泥25克

调料

盐5克，酱料15克，胡椒粉3克，芝麻油4毫升

做法

1. 粳米淘洗干净，放入锅中，加水煮30分钟至熟。
2. 牛肉和萝卜一起入锅，加水和2克盐，用大火煮20分钟，捞出备用。
3. 蕨菜、桔梗洗净，切段；黄豆芽去根后洗净。
4. 煮好的牛肉与萝卜切块，与蕨菜、桔梗、葱末、蒜泥、酱料一起入锅炒2分钟，加水煮到沸腾，转中火续煮3分钟左右，即成肉汤。
5. 肉汤加入胡椒粉、芝麻油、盐调味，放入黄豆芽煮至熟透；将饭盛入碗里，倒入肉汤即可。

麦门冬牡蛎泡饭

烹饪时间
40分钟

材料

麦门冬15克，蛋液少许，玉竹5克，牡蛎200克，胚芽米饭1碗，马蹄丁20克，芹菜粒10克，豆腐丁、青豆、胡萝卜丁各适量

调料

盐、胡椒粉、淀粉各适量

做法

1. 将麦门冬、玉竹洗净，加水煮25分钟熬成高汤。
2. 牡蛎洗净沥干，用淀粉、少许盐腌制备用；青豆洗净。
3. 胡萝卜丁、马蹄丁、豆腐丁、青豆放入高汤中煮熟，加少许盐、胡椒粉调味；再加入牡蛎、胚芽米饭煮熟，淋入蛋液拌匀，最后撒上芹菜粒即可。

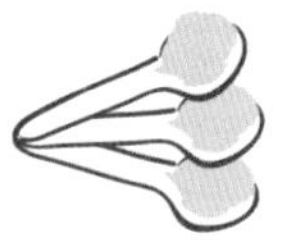

铁观音泡饭

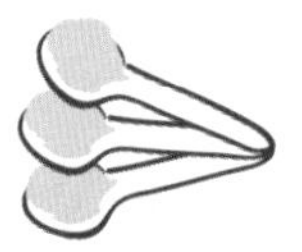

材料

米饭230克，铁观音10克，海苔5克，蟹柳1根，葱丝少许

调料

盐1克

做法

1. 将洗好的蟹柳切成丝。
2. 海苔卷起，切成丝。
3. 在米饭上放上切好的蟹柳丝。
4. 热水锅中倒入铁观音，加盖，煮6分钟至茶水散发出茶香味。
5. 揭盖，用滤网将茶水过滤到蟹柳和米饭上。
6. 加盐，放上海苔丝，撒上少许葱丝点缀即可。

制作指导　撒点黑胡椒再食用，可使米饭的味道更好。

PART 7

滋味诱人的米饭小吃

米饭可作为主食，还能做成丰富多样的小吃。米饭小吃品种繁多，有粽子、饭团、米糕、寿司等，各具特色。

肉松饭团

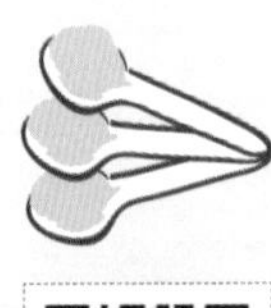

烹饪时间
5分钟

材料

米饭200克，肉松45克，海苔片10克

做法

1. 保鲜膜铺在平板上，铺上米饭，压平。
2. 把部分肉松均匀地铺在米饭的中间。
3. 把米饭捏制成饭团，外面再包上海苔片。
4. 将剩余的材料依次制成饭团，将做好的饭团装入盘中，撒上余下的肉松即可。

紫菜包饭

材料

粳米360克，胡萝卜、黄瓜、萝卜咸菜各适量，牛蒡100克，牛肉末80克，鸡蛋120克，紫菜10克，葱末、蒜泥各适量

调料

醋、酱油、盐、食用油、胡椒粉各适量

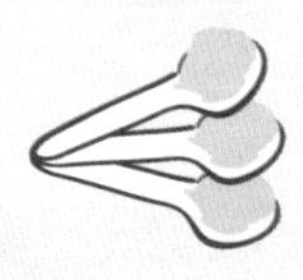

做法

1. 粳米洗净，煮熟；将胡萝卜、牛蒡分别洗净去皮，切成丝；黄瓜、咸菜分别洗净切条。
2. 牛肉末加醋、酱油、胡椒粉拌匀；鸡蛋打散加盐拌匀。
3. 炒锅热油，放入胡萝卜丝，大火炒30秒后盛出。
4. 热锅注油，放入牛蒡丝炒后盛出；再炒熟牛肉末；放入蛋液摊成薄饼，盛出切丝。
5. 紫菜烤好后铺上米饭，中间再放其他食材，卷成圆柱形，切成小段即可摆盘。

蟹柳寿司小卷

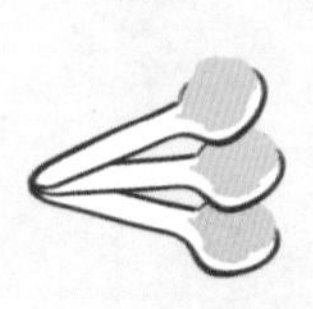

烹饪时间
20分钟

材料

黄瓜100克，米饭200克，鱼子170克，蟹柳80克，海苔片30克

调料

盐2克，食用油适量

做法

1. 洗净的黄瓜切条。
2. 用油起锅，倒入鱼子炒香，加入盐，翻炒约2分钟至熟。关火后，鱼子装入盘中待用。
3. 锅中注入适量清水烧开，倒入蟹柳，汆片刻。关火后，捞出蟹柳沥干水分，备用。
4. 取寿司帘，放上海苔片，将米饭平铺在海苔上；放上鱼子、黄瓜条、蟹柳。
5. 卷成卷，将卷好的寿司切成段，放入盘中即可。

红米海苔饭团

材料

水发红米175克，水发大米160克，肉松30克，海苔适量，枸杞少许

做法

1. 洗净的红米、大米倒入蒸碗，注入适量清水，待用；将海苔切粗丝。
2. 蒸锅上火烧开，放入蒸碗，加盖蒸30分钟至食材熟软。
3. 关火后，取出蒸好的米饭，放凉待用。
4. 取保鲜膜铺开，倒入米饭，撒上部分海苔丝，再倒入备好的肉松，拌匀。
5. 将米饭分成两份，搓成饭团，系上海苔丝，放入盘中，点缀上洗净的枸杞即成。

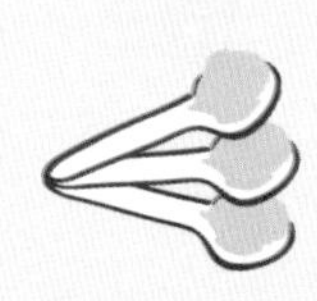

胡萝卜小鱼干饭团

烹饪时间
25分钟

材料

米饭80克，胡萝卜20克，小鱼干30克，芝麻10克

调料

酱油8克，麦芽糖、料酒、盐各适量

做法

1. 胡萝卜洗净，去皮，切丁，装碗，入微波炉中烘烤1分钟。
2. 小鱼干洗净，放入没有放油的锅中微炒片刻，去除腥味。
3. 米饭中放入小鱼干，撒上芝麻和盐，搅拌均匀。
4. 将酱油、料酒、麦芽糖装碗，加适量清水，加热成酱汁；将胡萝卜丁放入拌好的米饭中拌匀，用手捏成四面体形饭团。
5. 将饭团放入锅中，倒入酱汁，煎至其呈金黄色即可。

青海苔饭团

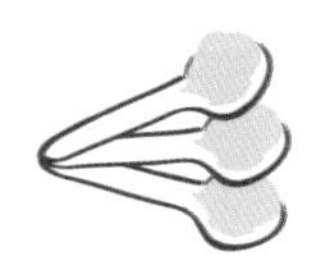

材料

米饭1碗，青海苔250克，黄瓜少许

调料

盐、白糖、胡椒粉、食用油各适量

做法

1. 青海苔洗净，切细末；黄瓜洗净，切丁。
2. 锅中注油烧热，放入青海苔、黄瓜翻炒至熟，盛在装有米饭的碗中。
3. 在碗中加入盐、白糖、胡椒粉，搅拌均匀。
4. 将米饭捏成四面体形状即可食用。

烤五彩饭团

材料

米饭140克，黄彩椒丁55克，去皮胡萝卜丁60克，香菇丁50克，玉米火腿丁45克，葱花20克，生菜叶适量

调料

盐、鸡粉各1克，食用油10毫升

做法

1. 米饭装碗，放入香菇丁、胡萝卜丁、葱花、玉米火腿丁、黄彩椒丁，将食材拌匀。
2. 加入盐、鸡粉，淋入食用油，搅拌均匀。
3. 取适量食材，揉搓成饭团。
4. 饭团放入烤盘中，关上箱门，将温度调至220℃，烤5分钟至饭团熟透。
5. 取出烤盘，将烤好的饭团放在生菜叶上，装盘即可。

彩色饭团

烹饪时间
25分钟

材料

草鱼肉120克，黄瓜60克，胡萝卜80克，米饭150克，黑芝麻少许

调料

盐2克，鸡粉1克，芝麻油7毫升，水淀粉、食用油各适量

做法

1. 洗好的黄瓜、胡萝卜切粒；洗净的草鱼肉切丁。
2. 炒锅置于火上，倒入黑芝麻，炒香后盛出备用。
3. 草鱼肉加入1克盐、鸡粉、水淀粉、少许食用油，拌匀，腌制约10分钟。
4. 锅中注入清水，加入少许盐和食用油，倒入胡萝卜，煮约半分钟。
5. 放入黄瓜，煮至断生；倒入草鱼肉，煮至变色，捞出。
6. 米饭放在碗中，倒入胡萝卜、黄瓜、草鱼肉，加入少许盐、芝麻油、黑芝麻，搅拌均匀，把拌好的米饭做成小饭团，最后装入盘中即可。

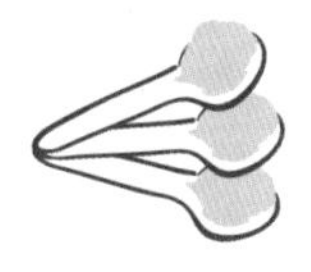

三色饭团

材料

米饭1碗，绿茶粉、黄豆粉、黑芝麻粉各适量

做法

1. 双手洗净，将米饭捏成小圆球，约一口的量。
2. 将绿茶粉、黄豆粉、黑芝麻粉分别倒在平盘上，小饭团在粉上均匀滚过即可（也可在米饭内包豆沙馅，外层再裹绿茶粉等材料）。

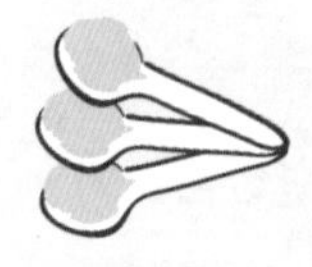

多彩豆饭团

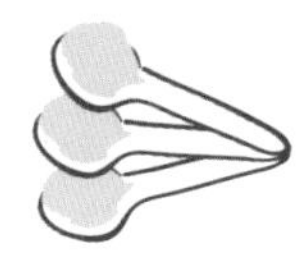

材料

水发大米、绿豆、燕麦、黑豆、红豆、薏米各100克，白芝麻少许

调料

白糖适量

做法

1. 砂锅中倒入洗净的燕麦、绿豆、大米、黑豆、红豆、薏米，搅拌均匀，注入适量清水。
2. 盖上盖，用大火煮开后转小火煮1小时至食材熟软。
3. 关火后端下砂锅，放凉待用。
4. 将白糖加入白芝麻中，搅拌均匀。
5. 取适量杂粮饭，捏成饭团，放入盘中。
6. 在饭团上撒上拌好的白芝麻即可。

菠菜培根饭卷

烹饪时间
40分钟

材料

水发大米80克，菠菜60克，培根片50克，黑芝麻10克

调料

盐3克，花生油适量

做法

1. 将大米洗干净，煮成米饭。
2. 菠菜洗净，用开水焯后过凉水，捞出沥干水分，剁碎。
3. 菠菜中放入1克盐和少许花生油，拌匀。
4. 将米饭、菠菜和洗净的黑芝麻放入碗里，加2克盐搅拌均匀。
5. 把搅拌好的菠菜黑芝麻米饭放入塑料盒里，揉捏成饭团。
6. 用培根片将饭团卷起来，入油锅煎至金黄即可。

香炸糯米卷

材料

糯米300克，炸花生米30克，腊肉粒、香肠粒各50克，虾米20克，春卷皮数张

调料

盐、鸡粉、白糖各2克，蚝油3克，芝麻油2毫升，食用油适量，猪油40克

做法

1. 把洗好的糯米装入蒸盘中，加适量清水和食用油拌匀，放进烧开的蒸锅，加盖大火蒸35分钟至熟，取出。
2. 用油起锅，倒入虾米，炒香；加入腊肉粒、香肠粒炒匀，盛出。
3. 把糯米饭装入碗中，放入猪油、白糖、盐、鸡粉、蚝油、芝麻油，拌匀；加入炒好的虾米、腊肉粒、香肠粒和炸花生米，拌匀制成馅料。
4. 把春卷皮切成长方块，取适量馅料放在春卷皮上，卷成圆筒状，制成生坯。
5. 热锅注油烧至六成热，生坯装于漏勺放入油锅，炸至其呈金黄色；把炸好的糯米卷捞出，沥干油分，装盘即可。

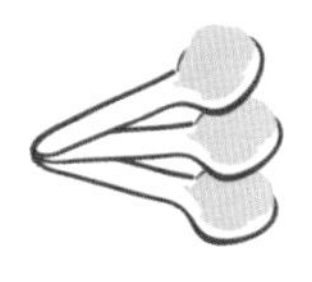

蜂蜜凉粽子

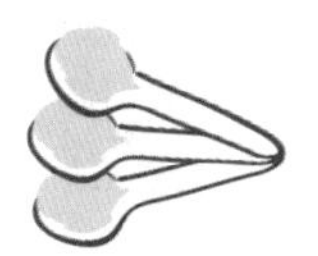

材料

水发糯米500克，浸泡好的粽叶数张，粽绳数段

调料

蜂蜜适量

做法

1. 将浸泡好的糯米沥干水分。
2. 用剪刀将粽叶头尾修剪整齐，将修剪好的粽叶对叠成漏斗状，加入糯米，铺满，稍稍压一下。
3. 将粽叶贴着食材往下折，将右叶边向左下折，左叶边向右下折，分别压住；再将粽叶多余部分捏住，贴住粽体，用粽绳扎好；将剩余的糯米依次制成粽子。
4. 锅中注水，大火烧开，放入粽子煮至沸腾后，盖上锅盖，转中小火煮1.5小时。
5. 煮好后捞出粽子，放入盘中。
6. 待粽子放凉后，剥开粽叶，淋上蜂蜜或者蘸着蜂蜜食用。

制作指导 糯米可多浸泡一段时间，口感会更软糯。

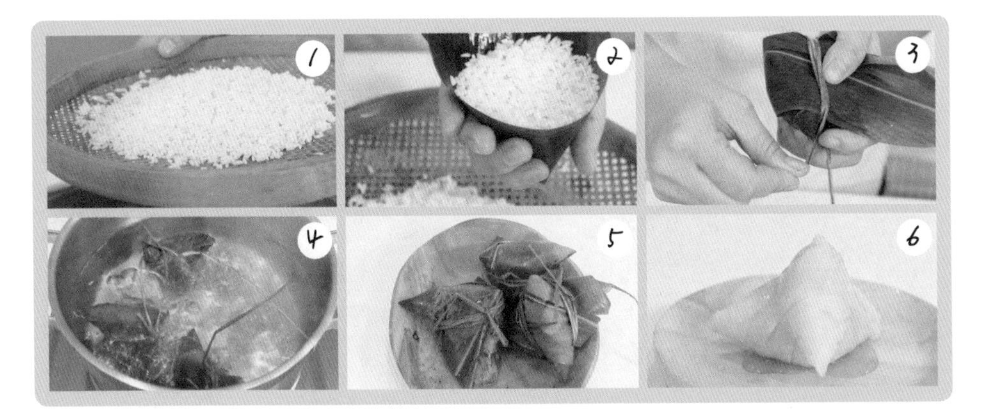

红豆玉米粽

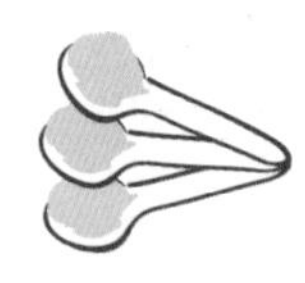

材料

水发糯米160克，玉米粒25克，水发红豆30克，浸泡好的粽叶、粽绳各适量

做法

1. 将备好的玉米粒、泡发过的红豆倒入已泡发好的糯米中拌匀，待用。
2. 将浸泡好的粽叶铺平，剪去两端，将粽叶从中间折成漏斗状。
3. 往粽叶中放入适量的糯米，用勺子压平。
4. 将粽叶贴着糯米往下折，将右叶边向左下折，左叶边向右下折，分别压住；再将粽叶多余部分捏住，贴住粽体。
5. 用浸泡好的粽绳缠紧，系牢固。
6. 采用相同的方法将剩余的馅料做成粽子，放入盘中待用。
7. 电蒸锅注入适量清水烧开，放入粽子，加盖煮1.5小时至熟，取出放入盘中，剥开即可食用。

软糯豆沙粽

烹饪时间
110分钟

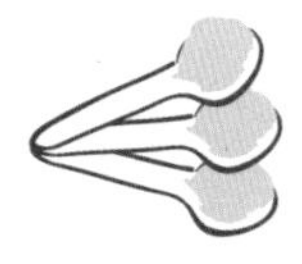

材料

水发糯米200克，红豆沙40克，浸泡好的粽叶、粽绳各适量

做法

1. 取浸泡过的粽叶，剪去柄部，从中间折成漏斗状，将泡发好的糯米放入半满，然后放入红豆沙，最后再放入糯米将红豆沙完全覆盖，压平。
2. 将粽叶贴着食材往下折，将右叶边向左下折，左叶边向右下折，分别压住；再将粽叶多余部分捏住，贴住粽体。
3. 用浸泡好的粽绳捆好扎紧。
4. 将剩余的材料依次制成粽子，待用。
5. 电蒸锅注入适量清水烧开，放入粽子，加盖煮1.5小时。
6. 掀开盖，将粽子取出放凉，剥开粽叶即可食用。

蛋黄肉粽

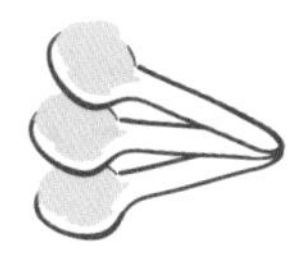

材料

水发糯米250克，五花肉160克，咸蛋黄60克，香菇25克，浸泡好的粽叶、粽绳各适量

调料

盐3克，料酒4毫升，生抽5毫升，老抽3毫升，芝麻油适量

做法

1. 五花肉去皮，切块；洗净的香菇去蒂，切块。
2. 五花肉、香菇装入碗中，加入盐、生抽、料酒、老抽、芝麻油，拌匀，腌制2小时。
3. 取浸泡过的粽叶，剪去两端，从中间折成漏斗状。
4. 放入已泡发好的糯米，加入适量咸蛋黄，加入适量五花肉和香菇，再加些糯米将馅料完全覆盖，压平。
5. 将粽叶贴着食材往下折，将左叶边向右下折，右叶边向左下折，分别压住；再将粽叶多余部分捏住，贴住粽体，用浸泡过的粽绳捆好扎紧。将剩余的食材依次制成粽子，待用。
6. 电蒸锅注入适量清水烧开，放入粽子，加盖煮1.5小时。取出放凉，剥开粽叶即可食用。

制作指导　粽叶中包入的材料不宜过多，收口处需要留一点儿空隙，这样粽子放入水中受热后，才不至于爆开。

香菇红烧肉粽

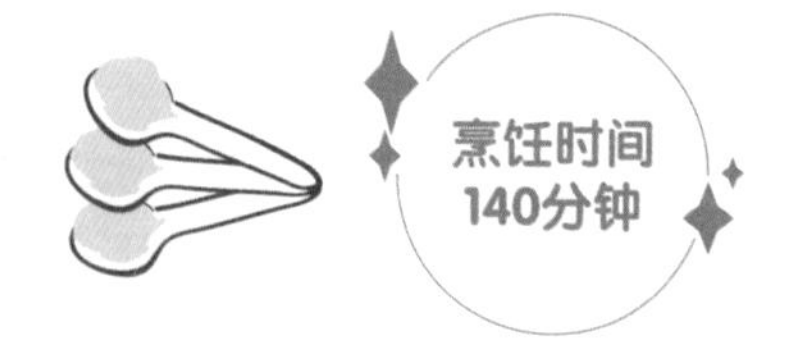

材料

水发糯米160克，水发小米25克，五花肉丁200克，香菇丁、花生米各10克，浸泡过的粽叶和粽绳各适量，姜片、葱段各少许

调料

生抽4毫升，料酒5毫升，盐3克，老抽3毫升，食用油适量

做法

1. 锅中水烧开，放入五花肉丁，汆至变色，捞出，沥干待用。
2. 热锅注油烧热，放入葱段、姜片，爆香；放入五花肉丁翻炒，加入生抽、料酒、老抽、盐，翻炒片刻；加入香菇丁、花生米翻炒匀，加水烧开后转小火焖30分钟；将炒好的食材盛出装碗，待用。
3. 将已泡好的小米倒入已泡好的糯米碗中搅拌均匀；倒入炒好的食材，拌匀，制成馅料。
4. 取浸泡过的粽叶，剪去柄部，从中间折成漏斗状，取适量馅料放入，铺平。
5. 将粽叶贴着馅料往下折，将右叶边向左下折，左叶边向右下折，分别压住；再将粽叶多余部分捏住，贴住粽体，用粽绳捆紧。
6. 将剩余馅料依次制成粽子；电蒸锅注入水烧开，放入粽子煮1.5小时后即可食用。

黑米莲子糕

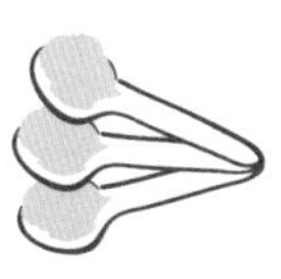

材料

水发黑米100克，水发糯米50克，莲子适量

调料

白糖20克

做法

1. 将泡发好的黑米、糯米、白糖装碗，加少量清水拌匀。
2. 将拌好的食材倒入模具中，再摆上莲子；将剩余的食材依次倒入模具中，备用。
3. 电蒸锅注水烧开后，放入食材，盖上锅盖，蒸30分钟至熟。
4. 掀开锅盖，将米糕取出即可。

莲子糯米糕

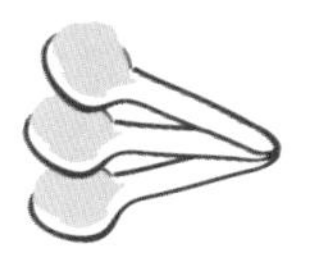

材料

水发糯米270克，水发莲子150克，枸杞少许

调料

白糖适量

做法

1. 锅中注入适量清水烧热，倒入洗净的莲子，加盖煮约25分钟，至其变软。
2. 关火后，捞出煮好的莲子，沥干水分后剔除芯，碾成粉末。
3. 加入泡好的糯米，混合均匀，注入少许清水；倒入蒸盘中，铺开摊平，待用。
4. 蒸锅上火烧开，放入蒸盘，加盖，用大火蒸约30分钟，至食材熟透。
5. 关火后揭盖，取出蒸好的食材，放凉，盛入模具中，修好形状。
6. 再摆放在盘中，脱去模具，点缀上洗净的枸杞，食用时撒上白糖即可。

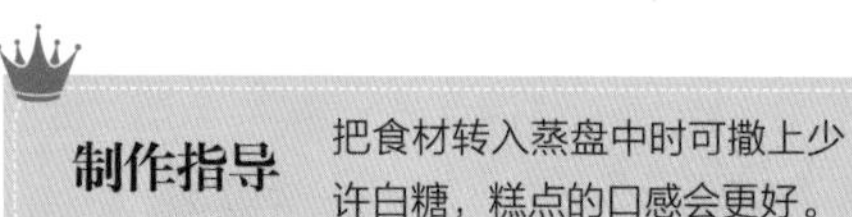

制作指导 把食材转入蒸盘中时可撒上少许白糖，糕点的口感会更好。

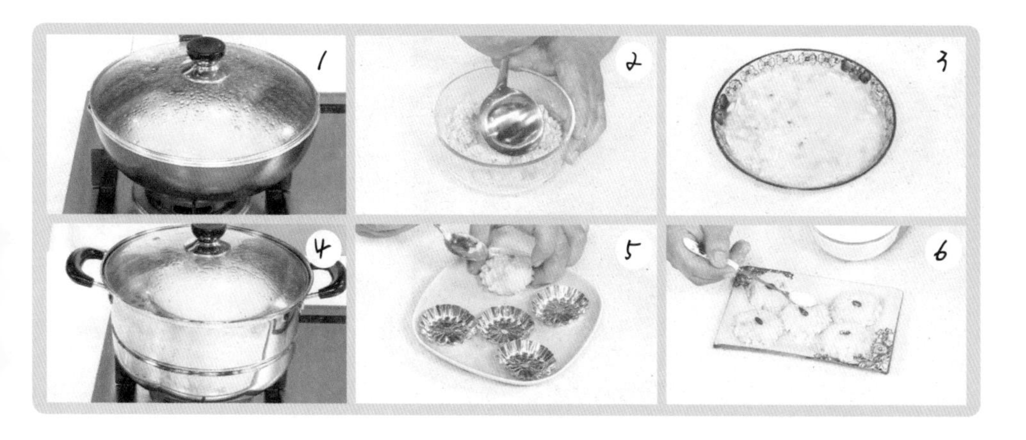

糯米鸡

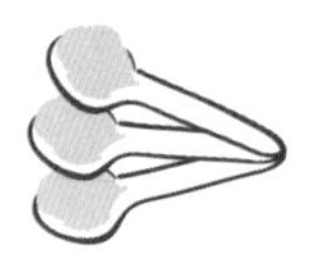

材料

糯米300克，鸡腿肉260克，干荷叶数张，鲜香菇粒50克，虾米40克，胡萝卜粒60克，鲜玉米粒80克，青豆70克，姜末少许

调料

盐、白糖、鸡粉各4克，生抽3毫升，蚝油3克，老抽、芝麻油各2毫升，水淀粉5毫升，猪油40克，食用油、料酒各适量

做法

1. 把泡好的糯米装入模具中，加适量清水、少许食用油拌匀，放入蒸锅中蒸35分钟；揭盖，取出蒸好的糯米饭。
2. 锅中注水烧开，倒入香菇粒、玉米粒、青豆、胡萝卜粒煮至断生，捞出沥干水。

3. 鸡腿肉汆水后捞出，沥干。
4. 用油起锅，放入虾米、姜末，爆香；倒入鸡腿肉，炒匀；倒入香菇粒、玉米粒、青豆、胡萝卜粒，加入料酒、2克盐、2克白糖、2克鸡粉调匀；加适量清水、生抽、老抽煮沸，放水淀粉勾芡，制成鸡肉馅料。
5. 把糯米饭装碗，放入猪油、2克白糖、2克盐、2克鸡粉、蚝油、芝麻油，拌匀。
6. 取适量拌好的糯米饭放在荷叶上，加入馅料包裹好；装入蒸笼，放入烧开的蒸锅，加盖蒸4分钟，取出即可。